E. Vesentini (Ed.)

Topologia differenziale

Lectures given at the
Centro Internazionale Matematico Estivo (C.I.M.E.),
held in Urbino (Pesaro), Italy,
July 2-12, 1962

 Springer

C.I.M.E. Foundation
c/o Dipartimento di Matematica "U. Dini"
Viale Morgagni n. 67/a
50134 Firenze
Italy
cime@math.unifi.it

ISBN 978-3-642-10987-4   e-ISBN: 978-3-642-10988-1
DOI:10.1007/978-3-642-10988-1
Springer Heidelberg Dordrecht London New York

CENTRO INTERNATIONALE MATEMATICO ESTIVO
(C.I.M.E)

Reprint of the 1st ed.- Urbino, Italy, July 2-12, 1962

TOPOLOGIA DIFFERENZIALE

CENTRO INTERNAZIONALE MATEMATICO ESTIVO

(C. I. M. E.)

J. C E R F

INVARIANTS DES PAIRES D'ESPACES.

APPLICATIONS À LA TOPOLOGIE DIFFERENTIELLE.

Roma - Istituto Matematico dell'Università

INVARIANTS DES PAIRES D'ESPACES

APPLICATIONS A LA TOPOLOGIE DIFFERENTIELLE.

J. Cerf (Nancy)

Introduction. Soit V une variété compacte de classe C^∞; le groupe de tous les difféomorphismes de V est muni naturellement de deux topologies: la topologie C^∞, ou topologie de la convergence uniforme des dérivées de tout ordre $\geqslant 0$ (muni de cette topologie, on note ce groupe G); et la topologie C^0, ou topologie de la convergence uniforme (muni de cette topologie, qui est moins fine que la précédente, on note ce groupe G'). Lorsque G a un bord, le groupe qu'on considère est celui des difféomorphismes qui sont tangents d'ordre infini à l'application identique le long du bord.

Prenons l'exemple $V = D^n$ (disque fermé de dimension n). La classique rétraction d'Alexander montre que G' est contractile; donc $\pi_i(G') = 0$ pour tout $i \geqslant 0$. Par contre, on sait depuis Milnor qu'en général $\pi_0(G)$ n'est pas nul; toutefois la rétraction d'Alexander montre que tout i-lacet de G est homotope à un i-lacet arbitrairement petit au sens de G'; dans ce cas les groupes λ_i ("groupes d'homotopie locaux"), qu'on définira, sont canoniquement isomorphes aux groupes $\pi_i(G)$. Ceci est dû évidemment au fait que D^n est contractile; en général, on obtient une suite exacte reliant les groupes λ_i, les groupes $\pi_i(G)$, et certains groupes μ_i qu'on définit: dans certains cas, ces groupes μ_i s'identifient aux groupes $\pi_i(G')$.

Dans une première partie (n.^{s} 1, 2 et 3), on fait une étude, d'un caractère général, des groupes λ_i et μ_i; on établit notamment le théorème d'isomorphisme entre les groupes μ_i et les groupes d'homotopie faibles pour les espaces "presque localement connexes en toute dimension".

J. Cerf

Dans une second partie (n. 4), on applique ces résultats à certains espaces de difféomorphismes; on cherche d'une part à obtenir des renseignements sur leurs groupes μ_i, et d'autre part à montrer que ces espaces sont "presque localement connexes", de sorte que, d'après la première partie, leurs groupes μ_i s'identifient à leurs groupes d'homotopie faibles.

1. <u>Définition et premières propriétés de groupes</u> λ_i <u>et</u> μ_i

On appellera <u>espace bitopologique</u> (E', E) un espace muni de deux topologies telles que celle de E (dite "topologie forte") soit <u>plus fine</u> que celle de E' (dite "topologie faible").

On appellera <u>paire topologique</u> un couple (A, B) d'espaces topologiques, tel que B s'identifie à une partie de A, munie d'une topologie <u>plus fine</u> que celle induite par A. A la paire (A, B) est canoniquement associé un espace bitopologique, qu'on note (B', B). (B' s'identifie à B com<u>me</u> ensemble et sa topologie est celle induite par A).

Soit (E', E) un espace bitopologique; un <u>chemin presque continu dans</u> (E', E) est une application $\gamma : [0, 1] \longrightarrow E$, faiblement continue sur $[0, 1]$, fortement continue sur $]0, 1]$. On note $\widetilde{\Sigma}^1$ (E', E) (ou, lorsqu'il n'y a pas de confusion possible, $\widetilde{\Sigma}$ (E), ou même $\widetilde{\Sigma}$) l'<u>e</u>space des chemins presque continus dans (E', E), muni de la topologie suivante: la topologie <u>borne supérieure</u> de la topologie de la convergence uniforme des applications $[0, 1] \longrightarrow E'$, et de la topologie de la convergence uni<u>forme sur tout compact des applications $]0, 1] \longrightarrow E$.

Soient x et y deux points de E; on utilisera les sous-espaces suivants de $\widetilde{\Sigma}$:

$$\widetilde{\Sigma}_x \quad \text{(chemins d'<u>origine</u> x)}$$

J. Cerf

$$\underset{xy}{\overset{\sim}{\sum}}$$ (chemins d'origine x et d'extrémité y)

$$\underset{xx}{\overset{\sim}{\sum}}$$ sera noté $\overset{\sim}{\Omega}_x$ (espace des lacets presque continus

d'origine x)

On convient de noter encore x le chemin constant en x.

Définitions. [1] On pose:

1) Pour tout $i \geqslant 0$: $\Pi_i (\overset{\sim}{\sum}_x (E', E); x) = \lambda_i (E', E; x)$

(i-ème groupe d'homotopie local de (E', E) au point x).

2) Pour tout $i \geqslant 1$: $\Pi_{i-1} (\overset{\sim}{\Omega}_x (E', E); x) = \mu_i (E', E; x)$

(i-ème groupe d'homotopie mixte de (E', E) au point x).

Propriétées ((E', E) désigne un espace bitopologique et x un

point de E)

1) Caractère local des λ_i Soit (V', V) un voisinage faible de x;

par homothétie, tout compact K de $\overset{\sim}{\sum}_x (E', E)$ se rétracte dans

$\overset{\sim}{\sum}_x (V', V)$, de façon que $K \cap \overset{\sim}{\sum}_x (V', V)$ reste dans $\overset{\sim}{\sum}_x (V', V)$;

donc l'application canonique: $\Pi_i (\overset{\sim}{\sum}_x (V', V); x) \longrightarrow \Pi_i (\overset{\sim}{\sum}_x (E', E); x)$

est un isomorphisme; d'où l'isomorphisme:

$$\lambda_i (V', V; x) \overset{\sim}{\longrightarrow} \lambda_i (E', E; x).$$

Donc plus généralement: soit (U', U) un autre voisinage faible de x;

$\lambda_i (V', V; x)$ et $\lambda_i (U', U; x)$ sont canoniquement isomorphes.

2) Soit F une partie ouverte et fermée de E (autrement dit, fortement

ouverte et fermée), et soit $x \in F$. Alors, pour tout $i \geqslant 1$, $\lambda_i (F', F; x)$

(resp. $\mu_i (F', F; x)$) s'identifie canoniquement à $\lambda_i (E', E; x)$

---

[1] Je dois à M. B. Morin de m'avoir signalé que les définitions données en [2] pouvaient être mises sous cette forme très maniable.

J. Cerf

(resp. $\mu_i(E', E);x))$.

    (En effet, pour $i \geqslant 1$, un "i-lacet local" et un "i-lacet mixte" ont des images fortement connexes).

3) <u>La suite exacte et la suite exacte complétée.</u>

Le lemme suivant se démontre exactement comme un lemme (bien connu) de Serre:

<u>Lemme.</u> L'application canonique $\tilde{\Sigma}_x(E', E; x) \longrightarrow E$ (qui à tout chemin presque contenu d'origine x associe son extrémité) est une fibration de Serre, de fibre $\tilde{\Omega}_x(E', E; x)$. (On notera que cette fibration <u>n'est pas surjective</u> en général.)

    La suite exacte d'homotopie de ce fibré donne immédiatement la suite exacte:

$$(1) \qquad \ldots \longrightarrow \lambda_i(E', E;x) \longrightarrow \pi_i(E;x) \longrightarrow \mu_{\cdot i}(E', E;x) \longrightarrow$$
$$\longrightarrow \lambda_{i-1}(E', E;x) \longrightarrow \quad \ldots \longrightarrow \mu_1(E', E;x) \longrightarrow \lambda_o(E', E;x) \longrightarrow \pi_o(E;x)$$

<u>Définition de $\mu_o(E', E;x)$.</u> La relation "il existe un chemin presque continu d'origine y et d'extrémité y' " n'est pas en général une relation d'équivalence entre points y et y' de E; lorsque c'est une relation d'équivalence, on peut définir $\mu_o(E', E;x)$: c'est l'ensemble pointé quotient de E (pointé en x) par cette relation d'équivalence. Alors la suite exacte (1) se prolonge naturellement comme suit:

$$(1') \quad \ldots \ldots \longrightarrow \mu_1(E', E;x) \longrightarrow \lambda_o(E', E;x) \longrightarrow \pi_o(E;x) \longrightarrow$$
$$\longrightarrow \mu_o(E', E;x) \longrightarrow 0$$

<u>Exemple</u>. La condition ci-dessus est remplie dans le cas d'un <u>grou</u>pe bitopologique (G', G). En effet, si γ est un chemin presque continu d'origine y et d'extrémité y', alors $y'. \gamma^{-1}. y$ est un chemin pre-

J. Cerf

sque continu d'origine y' et d'extrémité y. Et si γ' est un chemin presque continu d'origine y' et d'extrémité y'', alors $\gamma' . y'^{-1} . \gamma$ est un chemin presque continu d'origine y et d'extrémité y''.

Un autre exemple sera donné plus loin (2^{θ} du théorème 3).

4) <u>Chemins presque continus dans les espaces de lacets mixtes.</u>

Outre la topologie dont on a muni $\widehat{\Omega}_x$, considérons sur le même espace la topologie faible Ω'_x (celle de la convergence uniforme des applications $[0, 1] \longrightarrow E'$, qui, par définition de $\widehat{\Omega}_x$, est moins fine que $\widehat{\Omega}_x$).

Soit $\alpha \in \widetilde{\Omega}_x$; supposons qu'il existe un chemin presque continu dans ($\widetilde{\Omega}'_x$, $\widetilde{\Omega}_x$), d'origine x, d'extrémité α ; autrement dit, qu'il existe une application $\gamma : I^2 \longrightarrow E$, faiblement continue, fortement continue pour $t > 0$, telle que:

$$\begin{cases} \gamma \left((I \times \{0\}) \cup (\partial I \times I) \right) = \{x\} \\ \gamma(t, 1) = \alpha(t) \quad \text{pour tout } t \in I \end{cases}$$

Soit φ l'application $I^2 \longrightarrow I^2$ défini par:

$$\varphi(t, u) = \begin{cases} (1 - 2u(1-t), t) & \text{pour } 0 \le u \le \tfrac{1}{2} \\ (t, 2t(1-u) + 2u - 1) & \text{pour } \tfrac{1}{2} \le u \le 1 \end{cases}$$

Alors $\gamma \circ \varphi$ définit un chemin <u>continu</u> dans $\widehat{\Omega}_x$, d'origine x, d'extrémité α . Comme, pour $i > 1$, un i-lacet mixte s'identifie à un 1-lacet dans un espace de $(i-1)$-lacets, on peut énoncer:

Soit $i \geq 1$; soit α un i-lacet mixte d'origine x dans (E', E). Pour que α soit homotope à 0, il suffit qu'il existe un chemin presque continu d'origine x, d'extrémité α . Soit en plus γ un tel chemin;

J. Cerf

il existe une homotopie de α à x ayant même image dans E que y

Application: groupes μ_i des espaces presque contractiles.

___

<u>Définition</u>. Soit (E', E) un espace bitopologique; soit $x \in E$.
On dit que (E', E) est <u>presque contractile sur x</u> s'il existe une application h : E $\times$ I $\longrightarrow$ E, faiblement continue (i. e. , continue de E' $\times$ I
dans E'), fortement continue sur E $\times$ $]0,1]$, et telle que:

$$h(y, 0) = y \quad \text{et} \quad h(y, 1) = x \quad \text{pour tout} \quad y \in E.$$

Il est immédiat, compte tenu de ce qui précède, <u>que si (E', E) est
presque contractile sur x, alors</u> μ_i <u>(E', E;x) = 0 pour tout $i \geqslant 1$</u>
(et même pout tout $i \geqslant 0$, si μ_0 existe).

Exemples.

1. L'espace $\widetilde{\sum}_x$ (E', E) est presque contractile sur le chemin
constant x.

2. Le groupe (G', G) relatif à la boule (cf. Introduction) est presque contractile sur son élément neutre (donc sur chacun de ses points).

3. Soit β la demi-boule fermée nord de D^n; soit (P', P) l'e-
space bitopologique des plongements C^∞ de β dans D^n qui sont
C^∞- tangents à l'identité en tout point de $\beta \cap S^{n-1}$; (P', P) est presque
contractile sur chacun de ses points; dont tous ses μ_i sont nuls; mais
tous les π_i (P) sont nuls aussi (cf. $[1]$, II, 4. 2. 2); donc, d'après la
suite exacte (1'), ses groupes d'homotopie locaux sont tous nuls.

4. Si la topologie de E' est grossière, alors (E', E) est pre -
sque contractile sur chacun des ses points. Les composantes connexes for-
tes des espaces de jets des espaces des plongements, munis de la topologie
quotient de la bitopologie (C^0, C^∞), sont de ce type; (ceci est une généra-

J. Cerf

lisation de $[1]$, appendice au chapitre III).

5) Lacets forts qui sont homotopes à zero en tant que lacets mixtes.

Par un procédé très analogue à celui utilisé ci-dessus (propriété 4^0) on montre: Soit $i \geqslant 1$; soit α un i-lacet d'origine x dans E (autrement dit, un i-lacet fort). Si α est homotope à 0 en tant que lacet mixte de (E',E), alors α est extrémité d'un chemin presque continu d'origine x dans l'espace des i-lacets de E. Soit en plus δ une homotopie de α à 0 (en tant que lacet mixte) alors il existe un tel chemin presque continu ayant même image dans E que δ .

2. Le théorème d'isomorphisme pour les paires presque n-localement connexes.

Préliminaires: paires n-localement connexes: théorème d'isomorphisme.

Notations. Soit A un espace topologique; on notera $\Sigma^n(A)$ l'espace des n-cubes singuliers à valeurs dans A, et $\overset{\circ}{\Sigma}{}^n(A)$ l'espace des applications continues du bord ∂I^n de I^n dans A.

Définition 1. Soit $(f,g) : (A,B) \longrightarrow (C,D)$ un morphisme de paires topologiques. Soit $x \in A$; on dit que (f,g) est faiblement ouverte en x si pour tout voisinage U de x dans A il existe un voisinage V de $f(x)$ dans C tel que $g(U \cap B) \supset V \cap D$.

Définition 2. Soit $f : A \longrightarrow C$ une application continue. On appelle relevée de f et on note $\wp^1(f)$ (ou simplement $\wp(f)$) l'application (canoniquement definie par f):
$$\Sigma^1(A) \longrightarrow \Sigma^1_f(C), \quad \text{où} \quad \Sigma^1_f(C) \quad \text{est le sous-espace de}$$
$$\Sigma^1(C) \times A \times A \quad \text{formé des triples } (\gamma, x, y) \text{ tels que } \gamma_0 = f(x)$$
et $\gamma_1 = f(y)$.

J. Cerf

Pour un morphisme (f, g) de paires topologiques, le relevé $\mathcal{S}^1(f, g)$ est par définition $(\mathcal{S}^1(f), \mathcal{S}^1(g))$.

On note $\mathcal{S}^2(f)$ le relevé de $\mathcal{S}^1(f)$, etc.

<u>Définition 3</u>. Soit $(f, g) : (A, B) \longrightarrow (C, D)$ un morphisme de paires topologiques. Soit $x \in A$; si le n-ème relevé $\mathcal{S}^n(f, g)$ est faiblement ouvert en x, on dit que (f, g) est <u>n-localement connexe (n-l. c.)</u> <u>en x.</u>

<u>Exemples</u>. Soit (f, g) le morphisme $(A, B) \longrightarrow (0, 0)$, où 0 est un espace ayant un seul point (evidemment, (f, g) est bien déterminé par la donnée de (A, B) et de 0). Soit $x \in A$; dire que (f, g) est faiblement ouverte en x, c'est dire que B est dense dans A en x, autrement dit que $x \in \bar{B}$.

Le relevé $\mathcal{S}^1(f, g)$ est le morphisme $(\Sigma^1(A), \Sigma^1(B)) \longrightarrow$ $\longrightarrow (\dot{\Sigma}^1(A), \dot{\Sigma}^1(B))$ canoniquement défini par f; et plus généralement $\mathcal{S}^n(f, g)$ est le morphisme $(\Sigma^n(A), \Sigma^n(B)) \longrightarrow (\dot{\Sigma}^n(A), \dot{\Sigma}^n(B))$ canoniquement défini par f. La n-locale connexion de (f, g) en x équivaut donc bien à la n-locale connexion de (A, B) en x, au sens où elle a été définie en $[1]$, p. 344.

<u>Lemme</u>. Soit $(f, g) : (A, B) \longrightarrow (C, D)$ un morphisme de paires métrisables. Si (f, g) et $\mathcal{S}^1(f, g)$ sont ouvertes en tout point de A, alors $\mathcal{S}^1(f, g)$ est ouverte en tout point de $\Sigma^1(A)$.

Ce lemme généralise à la fois le 1) et le 2) du lemme 2 de $[1]$, p. 345; sa démonstration est très analoque à celle du 1) de ce lemme.

<u>Application</u>. Soit comme plus haut le morphisme $(f, g):(A, B) \longrightarrow (0, 0)$ défini par (A, B). Si B est dense dans A, et si (A, B) est n-l. c. pour tout $n \geqslant 0$, cela signifie que $\mathcal{S}^n(f, g)$ est faiblement ouverte sur

J. Cerf

A pour tout $n \geq 0$. On en déduit, par une suite d'applications de lemme ci-dessus, que $\wp^n(f, g)$ est faiblement ouverte sur $\sum^1(A)$ pour tout $n \geq 1$. Par récurrence sur l'entier n', on en déduit $\wp^n(f, g)$ est faiblement ouverte sur $\sum^{n'}(A)$, pour tout $n' \geq 0$ et pour tout $n \geq n'$.

En particulier, pour tout n, $\wp^n(f, g)$ et $\wp^{n+1}(f.g)$ sont faiblement ouvertes sur $\sum^n(A)$. On en déduit facilement (la démonstration est analogue à celle du lemme 1 de $[1]$, p. 345) que tout élément α de $\sum^n(A)$ dont le bord est un élément de $\dot{\sum}^n(B)$ est origine d'un chemin continu, au cours duquel le bord de α reste fixe, et qui aboutit à un élément de $\sum^n(B)$. On a donc le résultat suivant (plus fort que celui de la proposition 1 de $[1]$, p. 345, en ce que l'hypothèse 3 de cette dernière est superflue):

Théorème 1. Soit (A, B) une paire métrisable; si B est dense dans A, et si (A, B) est n-l. c. pour tout $n \geq 0$, alors, pour tout $x \in B$, l'application canonique.

$$\Pi_n(B;x) \longrightarrow \Pi_n(A;x)$$

est un isomorphisme pour tout $n \geq 0$.

Paires presque n-locamement connexes. Théorème d'isomorphisme.

Définition. Soit (A, B) une paire topologique, et soit $x \in A$. On dit que (A, B) est presque localement connexe par arcs (p. l. c. a.) en x, ou encore presque 0-localement connexe en x, si pour tout voisinage U de x dans A, il existe un voisinage V de x dans A tel que pour tout couple (y, z) de points de $(V \cap B)$ il existe dans $U \cap B$ un chemin presque continu d'origine y et d'extrémité z.

Pour $n \geq 1$, on dit que (A, B) est presque n-localement conne-

J. Cerf

$\underline{xe}$ (p. n-l. c.) en x si pour tout voisinage U de x dans A, il existe un voisinage V de x dans A tel que tout n-lacet mixte de $V \cap B$ soit homotope à 0 (avec origine fixe) dans $U \cap B$.

$\underline{\text{Remarques.}}$ 1) Sauf pour le cas n = 0, le n-locale connexion n'entraine pas la presque n-locale connexion.

2) Pour $n \geqslant 1$, si (A, B) est p. n-l. c. en x, alors $\widetilde{\Omega}_x$ est (n-1)-l. c. en x. La réciproque n'est pas exacte en toute généralité; mais elle est vraie en particulier lorsque (A, B) est un espace bitopologique $\underline{\text{homogène}}$.

3) Si un espace bitopologique (E', E) est presque contractile sur un de ses points x, alors il est p. n-l. c. en x pour tout $n \geqslant 0$. (C'est une conséquence de la propriété 4° du $n^{c} 1$).

$\underline{\text{Lemme.}}$ Soit (A, B) une paire métrisable.

1) Soit $\widetilde{\int}^{1} (f, g)$ l'application canonique:

$$(\widetilde{\Sigma}^{1}(A), \ \widetilde{\Sigma}^{1}(B) \to (\dot{\Sigma}^{1}(A), \ \dot{\Sigma}^{1}(B))$$

Si B est dense et p. l. c. a. dans A, alors $\widetilde{\int}^{1} (f, g)$ est faiblement ouverte.

2) Si (A, B) est p. n-l. c. et p. (n+1)-l. c., alors $\widetilde{\int}^{1} (f, g)$ est n-l. c.

$\underline{\text{Corollaire.}}$ 1) Sous les hypothèses du 1), $\widetilde{\Sigma}^{1} (B)$ est dense dans $\widetilde{\Sigma}^{1} (A)$; pour tout $x \in B$, $\widetilde{\Sigma}^{1}_{x} (B)$ est dense dans $\Sigma_{x} (A)$, et $\widetilde{\Omega}_{x} (B)$ est dense dans $\Omega_{x} (A)$.

2) Sous les hypothèses du 2), $\widetilde{\Sigma}^{1}(B)$ est n-l. c. dans $\Sigma^{1}(A)$; pour tout $x \in B$, $\widetilde{\Sigma}^{1}_{x} (B)$ est n-l. c. dans $\overline{\Sigma}_{x}(A)$, et $\widetilde{\Omega}_{x} (B)$ est n-l. c. dans $\Omega_{x} (A)$.

J. Cerf

<u>Principe de la démonstration du lemme.</u> 1^U) Soit à approcher un élément α de $\sum^1 (A)$ par un chemin presque continu β d'origine x (proche de α_o au sens faible) et d'extrémité y (proche de α_1 au sens faible). On construit une suite finie $x = x, x_1, x_2, \ldots, x_p = y$, telle que deux x_i consécutifs soient proches l'un de l'autre, et que, pour tout i, x_i soit proche de $\alpha_{i/p}$ (tout ceci au sens faible). On joint x_1 à x par un petit chemin presque continu; sur ce chemin on choisit ensuite x'_1, arbitrairement voisin de x_1; puis on joint x_2 à x'_1 par un petit chemin presque continu, et ainsi de suite.

2°) La démonstration est analogue à celle du 1^v); elle utilise la propriété 5^c du $n^c 1$.

<u>Application.</u> Soit (A, B) une paire métrisable; si B est dense dans A, et si pour tout $n \geqslant 0$, (A, B) est p. n-l. c., alors, d'après le corollaire ci-dessus, pour tout $x \in B$, $\widetilde{\Omega}_x (B)$ est dense et n-l. c. dans $\Omega_x (A)$ pour tout $n \geqslant 0$. Donc d'après le théorème 1, $\pi_n (\widetilde{\Omega}_x (B); x)$ est canoniquement isomorphe à $\pi_n (\Omega_x (A); x)$ pour tout $n \geqslant 0$. D'autre part la relation (entre couple de points de B) "être joints par un chemin presque continu" s'identifie d'après le 1^v) du corollaire à la relation "être joints par un chemin faiblement continu". Donc:

<u>Théorème 2.</u> Soit (A, B) une paire métrisable. Si B est dense dans A, et si, pour tout $n \geqslant 0$, (A, B) est presque n-localement connexe en tout point de A, alors l'homomorphisme canonique:

$$\mu_n (B', B; x) \longrightarrow \pi_n (A; x)$$

est un isomorphisme pour tout $n \geqslant 0$, et pour tout $x \in B$.

<u>Corollaire.</u> Sous les hypothèses du théorème, l'homomorphisme ca-

13

J. Cerf

nonique $\pi_n (B'; x) \longrightarrow \pi_n (A, x)$ est un isomorphisme pour tout $n \geqslant 0$.

3. <u>Propriétés relatives aux fibrations.</u>

On s'intéresse aux types suivants de fibrés bitopologiques :

a) <u>les espaces homogènes bitopologiques</u>: $(B', B) = (G', G)/(H', H)$, où H' est un sous-groupe fermé de G' (et par conséquent, H un sous-groupe fermé de G).

b) <u>les paires d'espaces homogènes bitopologiques</u> d'un même groupe: H' et K' sont deux sous-groupes fermés de G' tels que $K' \subset H' \subset G'$, et on considère la fibration de $(G', G)/(K', K)$ sur $(G', G)/(H', H)$ de fibre $(H', H)/(K', K)$.

Pour les propriétés dont on aura besoin, le cas b) se ramène sans difficulté au cas a), auquel on se bornera dans la suite:

Les fibrés qu'on considère sont "fortement de Serre"; le plus souvent, il s'agit meme de fibrés "fortement localement triviaux". (Cette dernière condition est remplie dans le cas des espaces de plongements, cf. $[1]$, p. 294, corollaire 2).

Si (B', B) est un espace homogène bitopologique, fortement localement trivial, alors $\Sigma^n (G)$ est fibré localement trivial sur $\Sigma^n (B)$, qui s'identifie à l'espace homogène $\Sigma^n (G)/ \Sigma^n (H)$. Par contre, si on note $\Sigma'^n (G)$ l'espace $\Sigma^n(G)$ muni de la topologie faible, c'est-à-dire celle induite par $\Sigma^n (G')$, alors $\Sigma'^n (B)$ ne s'identifie pas on général au quotient $\Sigma'^n (G)/ \Sigma'^n (H)$; pour qu'il en soit ainsi, il faut et il suffit évidemment que l'application canonique $\Sigma'^n (G) \longrightarrow \Sigma'^n (B)$ soit ouverte; on dit alors que la fibration "relève les petits cubes" (cf. $[1]$, p. 353). Une autre propriété qui nous intéresse ici est le <u>"relèvement des chemins presque continus"</u>. Or le critère donné en $[1]$, p. 355, prop. 2,

14

J. Cerf

pour le relèvement des petits cubes, est aussi valable pour le relèvement des chemins presque continus (il suffit de compléter très légèrement la démonstration). De façon précise, on a le:

Lemme. Soit $(B', B) = (G', G)/(H', H)$ un espace homogène bitopologique, métrisable, et tel que (H', H) soit presque localement connexe par arcs. Alors:

1) Si cette fibration est fortement de Serre, elle relève les chemins presque continus.

2) Si elle est fortement localement triviale, elle relève les petits n-cubes pour tout $n \geqslant 0$.

Corollaire. Sous les hypothèses du 2e), $(\sum'^n (B), \sum^n (B))$ s'identifie (pour tout $n \geqslant 0$) à l'espace homogène
$(\sum'^n (G), \sum^n (G))/(\sum'^n (H), \sum^n (H))$; en plus, la fibration correspondante est fortement localement triviale, de fibre presque localement connexe par arcs, de sorte qu'elle relève les chemins presque continus.

De ce lemme et de son corollaire on déduit le théorème suivant:

Théorème 3. Soit $(B', B) = (G', G)/(H', H)$ un espace homogène bitopologique, métrisable, fortement localement trivial, et tel que (H', H) soit p. l. c. a. en e.

1e) Il existe une suite exacte d'homomorphismes canoniques:

$$(2) \quad \ldots \longrightarrow \lambda_n (H', H; e) \longrightarrow \lambda_n (G', G; e) \longrightarrow \lambda_n (B', B; e) \longrightarrow$$
$$\longrightarrow \lambda_{n-1} (H', H; e) \longrightarrow \ldots \longrightarrow \lambda_o (G', G; e) \longrightarrow \lambda_o (B', B; e) \longrightarrow 0$$

2) $\mu_o(B', B; e)$ existe, et on a une suite exacte d'homomorphismes canoniques:

J. Cerf

$$(3) \quad \ldots \longrightarrow \mu_n(H',H;e) \longrightarrow \mu_n(G',G;e) \longrightarrow \mu_n(B',B;e) \longrightarrow$$

$$\longrightarrow \mu_{n-1}(H',H;e) \longrightarrow \ldots \longrightarrow \mu_o(G',G;e) \longrightarrow \mu_o(B',B;e) \longrightarrow 0$$

3) <u>Si (G',G) et (H',H) vérifient la condition "être presque n-localement connexe pour tout $n \geqslant 0$", il en est de même de (B',B).</u> <u>Même résultat en permutant les rôles de (G',G) et (B',B).</u>

<u>Démonstration.</u> 1) Considérons la fibration canonique:

$$(4) \qquad \widetilde{\Sigma}_e(G',G) \longrightarrow \widetilde{\Sigma}_e(B',B) , \quad \text{de·fibre} \quad \widetilde{\Sigma}_e(H',H).$$

Elle est surjective d'après le 1° du lemme; elle est de Serre d'après le corollaire; il suffit d'écrire sa suite exacte classique d'homotopie.

2) Notons d'abord les deux propriétés suivantes du relèvement des chemins presque continus dans un espace homogène bitopologique:

(a) Soit $\alpha \in \widetilde{\Omega}_e(B',B)$; soient β et β^* deux relèvements de α ; leurs extrémités β_1 et β_1^* sont presque homotopes dans (H',H). (Il suffit en effet de poser $\gamma_t = \beta_t^* \cdot \beta_t^{-1} \cdot \beta_1$)

(b) Soit $\alpha \in \widetilde{\Omega}_e(B',B)$; soit β un relèvement de α ; si l'extrémité β_1 de β est presque homotope à e dans (H',H), alors il existe un relèvement β^* de α tel que $\beta_1^* = e$. (Soit en effet γ un chemin presque continu dans (H',H), d'origine e et d'extrémité β_1; on pose $\gamma^{-1} \cdot \beta = \beta^*$).

Ceci dit, considérons la fibration canonique:

$$(5) \qquad \widetilde{\Omega}_e(G',G) \longrightarrow \widetilde{\Omega}_e(B',B) , \quad \text{de fibre} \quad \widetilde{\Omega}_e(H',H).$$

Cette fibration <u>n'est pas surjective</u> en général; soit $\widetilde{\Omega}$ son image. Soit α un n-cube fort dans $\widetilde{\Omega}_e(B',B)$; α s'identifie à un élément $\widetilde{\alpha}$ de $\widetilde{\Omega}_e(\Sigma'^n(B), \Sigma^n(B))$; $\widetilde{\alpha}$ se relève en un élément $\widetilde{\beta}$ de

J. Cerf

$\tilde{\Sigma}_e(\Sigma'^n(G), \Sigma^n(G))$, qui s'identifie à un n-cube fort β dans $\tilde{\Sigma}_e(G', G)$. Supposons maintenant que G soit à valeurs dans $\tilde{\Omega}$; alors $\alpha(0)$ (image par α de l'origine de I^n) peut se relever en un élément de $\Omega_e(G', G)$. Donc, d'après la propriété (a) ci-dessus, $\beta(0)$ aboutit à un élément de H qui est presque homotope à e dans (H', H). Il en résulte facilement que $\tilde{\beta}$ aboutit à un élément de $\Sigma^n(H)$ qui est presque homotope à e dans $(\Sigma'^n(H), \Sigma^n(H))$. Donc, d'après la propriété (b), il existe un relévement β^* de $\tilde{\alpha}$ qui aboutit à e; β^* s'identifie à un n-cube fort dans $\Omega_e(G', G)$, qui est un relévement de α. Ainsi la fibration (5) est de Serre; si on écrit sa suite exacte d'homotopie, on obtient la suite (3), mais seulement jusqu'à:

$$\ldots \longrightarrow \mu_1(G', G; e) \longrightarrow \mu_1(B', B; e)$$

On la complète à droite sans difficulté à l'aide du lemme, et des propriétés (a) et (b) ci-dessus.

3) Tout élément α de $\tilde{\Omega}_e(B', B)$ qui est petit au sens faible se relève en un élément β de $\tilde{\Sigma}_e(G', G)$ qui est petit au sens faible; l'extrémité de β peut donc être jointe à e par un petit chemin presque continu; l'argument utilisé pour démontrer la propriété (b) ci-dessus prouve alors que β peut se relever en un petit élément de $\tilde{\Omega}_e(G', G)$. L'application (5) est donc <u>ouverte;</u> sa fibre $\tilde{\Omega}_e(H', H)$ est presque localement connexe; elle vérifie donc le relèvement des petits cubes. On est donc ramené à un problème analogue, relatif à la n-connexion locale au lieu de la presque n-connexion locale; on peut alors appliquer le lemme de $[1]$, p. 357. (Comme au 2e), on montre à part, sans difficulté, la presque n-locale connexion pour $n = 0$ et 1).

J. Cerf

4. **Application aux groupes de difféomorphismes et aux espaces de prolon-**
gements.

On se place dans une dimension n pour laquelle on suppose remplies les conditions suivantes:

1) Les groupes de difféomorphismes des variétés compactes de
dimension n sont presque localement connexes par arcs.

2) Les fibrations de ces groupes définies par restriction aux sous-
variétés de codimension 1 sont ouvertes au sens C^{b}.
Ces conditions sont certainement remplies pour $n = 3$, et il semble ac-
tuellement raisonable de conjecturer qu'elles sont vraies pour $n \geqslant 8$.

<u>Lemme.</u> Si n est tel que les conditions 1) et 2) ci-dessus
soient remplies; alors, pour tout $S^p \times D^q$ tel que $p + q = n$, le groupe
bitopologique (G'_p, G_p) des difféomorphismes tangents à l'identité le long
du bord $S^p \times S^{q-1}$, est presque i-localement connexe pour tout $i \geqslant 0$.

<u>Démonstration.</u> Soit E_{p-1} l'image canonique de G_p dans l'e-
space des plongements de $S^{p-1} \times D^q$ dans $S^p \times D^q$ (E_{p-1} est défini
pour $1 \leq p \leq n$). Doit F_p l'image canonique de G_p dans l'espace
des plongements de $S^p \times D^{q-1}$ dans $S^p \times D^q$ (F_p est défini pour
$0 \leq p \leq n-1$). On a les fibrations suivantes:

$$G_p \longrightarrow E_{p-1} \qquad , \text{ de fibre notée } H_p \ (1 \leq p \leq n)$$

$$G_p \longrightarrow F_p \qquad , \text{ de fibre notée } K_p \ (0 \leq p \leq n-1)$$

H_p est le sous-groupe de G_p formé des difféomorphismes de $S^p \times D^q$
qui induisent l'identité sur $S^{p-1} \times D^q$; en fibrant H_p sur l'espace de
ses jets le long de $S^{p-1} \times D^q$, on voit (compte tenu de la propriété des

J. Cerf

espaces de jets signalée plus haut, n° 1, propriété 4^v), exemple 4) que H_p a même comportement que G_c au point de vue de la presque locale connexion; donc H_p est p. i-l. c. pour tout i. De manière analogue, on voit que K_p a même comportement (au point de vue de la presque locale connexion) que $G_p \times G_p$.

Soit d'autre part W_p un voisinage tubulaire de $S^p \times D^{q-1}$ dans $S^{p+1} \times D^{q-1}$; W_p est difféomorphe à $S^p \times D^{q-1} \times D^1$; identifions F_p à l'espace des plongements de $S^p \times D^{q-1}$ dans W_p qui se prolongent en un difféomorphisme de W_p induisant l'identité sur le bord. Soit E_p^* (resp. F_p^*) l'espace de tous les plongements de $S^p \times D^{q-1}$ dans $S^{p+1} \times D^{q-1}$ (resp. W_p) qui sont tangents à l'application identique le long de $S^{p-1} \times D^{q-1}$. Tout élément de E_p^* qui est dans la composante connexe forte de l'application identique est dans E_p^*; donc la composante connexe forte de l'identité dans E_p coincide avec celle de E_p^*. De même pour F_p et F_p^*; (F_p est même exactement la composante connexe de l'identité dans F_p^*). Donc, en ce qui concerne la presque i-locale connexion pour $i \geqslant 1$, E_p et E_p^* d'une part, F_p et F_p^* d'autre part, ont même comportement; en plus F_p^* est faiblement ouvert dans E_p^*, donc F_p^* et E_p^* ont même comportement; donc finalement E_p et F_p ont même comportement.

En resumé, on a en appliquant le 3° du théorème 3 aux deux fibrations ci-dessus, les implications suivantes:

$$G_p \text{ p. i-l. c. pour tout } i \implies F_p \text{ p. i-l. C. pour tout } i$$

$$\implies E_p \text{ p. i-l. c. pour tout } i \implies G_{p+1} \text{ p. i-l. c.}$$
$$\text{pour tout } i.$$

J. Cerf

D'où le lemme, puisque G_c est presque i-localement connexe pour tout i.

Application au groupe des difféomorphismes de S^n, muni de la topologie C^c.

Soit (E', E) l'espace des plongements de l'hémisphère nord fermé de S^n dans S^n qui conservent l'orientation; (E', E) est muni de la topologie $(C^{\ddot{}}, C^{(\alpha)})$. Ecrivons la suite exacte relative à cette espace (cf. $n^o 1$, propriété 3°; le point de base est pris à l'application identique):

$$(1) \quad \ldots \longrightarrow \lambda_i(E', E) \longrightarrow \pi_i(E) \longrightarrow \mu_i(E', E) \longrightarrow \lambda_{i-1}(E', E) \longrightarrow$$

$$\ldots \longrightarrow \pi_o(E) \longrightarrow \mu_o(E', E) \longrightarrow 0.$$

On va donner succesivement une interprétation de chacun des termes de cette suite.

$1^o)$ Interprétation de $\pi_i(E)$.

On fibre E en associant à chaque plongement son 1-jet au pôle nord. Cette fibration est localement triviale (cf. $[1]$, p. 318). Sa fibre est le sous-espace de E formé des plongements qui sont tangents à l'application identique au pôle nord; elle est acyclique en toute dimension (cf. $[1]$, p. 336, prop. 8). Sa base s'identifie à l'espace des n-repères d'orientation positive de S^n; d'où un isomorphisme canonique:

$$(2) \quad \pi_i(E) \approx \pi_i(S\,0\,(n+1)) \qquad \text{pour tout } i \geqslant 0.$$

$2^o)$ Interprétation de $\mu_i(E', E)$.

Soit (G', G) le groupe des difféomorphismes de S^n qui conservent l'orientation; soit (H', H) le groupe des difféomorphismes de D^n qui sont tangents à l'application identique le long de S^{n-1}.

J. Cerf

On a une fibration homogène:

$$(E', E) \approx (G', G)/(H', H)$$

Or $\mu_i(H', H) = 0$ pour tout $i \geqslant 0$ (puisque (H', H) est presque contractile, cf. $n^o 1$, propriété 4^c)). Donc $\mu_i(E', E) \approx \mu_i(G', G)$ pour tout $i \geqslant 0$. D'après le lemme ci-dessus, (G', G) est presque i-localement connexe pour tout $i \geqslant 0$. Donc finalement:

(3) $\qquad \mu_i(E', E) \approx \pi_i(G')$ $\qquad$ pour tout $i \geqslant 0$.

3°) Interprétation de $\lambda_i(E', E)$.

On utilise une cascade de fibrations dont le principe est dû à Smale (cf. par exemple Thom $\left[4\right]$). Smale a appliqué sa mèthode au calcul des groupes d'homotopie des espaces d'immersions; pour que cette mèthode devienne applicable aux espaces de plongements, il est essentiel d'operer en homotopie locale.

On considère la boule D^n, canoniquement plongée dans R^n, où les coordonnées sont $(x_1, x_2, \ldots, x_n)$; $\mathcal{E}$ est un nombre strictement > 0, assez petit pour que le cube $\left[-\mathcal{E}, +\mathcal{E}\right]^n$ soit intérieur a D^n.

On appelle: P_1 la partie de D^n définie par $x_1 \leqslant \mathcal{E}$.

$\qquad$ Q_1 la partie de D^n définie par $|x_1| \leqslant \mathcal{E}$.

Par récurrence, on définit comme suit P_j et Q_j pour $1 \leqslant j \leqslant n$:

$\qquad$ P_j est la partie de Q_{j-1} définie par $x_j \leqslant \mathcal{E}$.

$\qquad$ Q_j est la partie de Q_{j-1} définie par $|x_j| \leqslant \mathcal{E}$.

On notera que Q_n est le cube $\left[-\mathcal{E}, +\mathcal{E}\right]^n$.

Soit (P'_j, P_j) l'espace de tous les plongements de P_j dans D^n qui sont tangents à l'application identique le long de $P_j \cap S^{n-1}$; une fois les angles arrondis, P_j est difféomorphe à une demi-boule

J. Cerf

fermée, de sorte que, d'après le n^v 1, propriété 4^v), exemple 3,

$$\lambda_i(P'_j, P_j) = 0 \quad \text{pour tout} \quad i \geqslant 0.$$

Soit (Q'_j, Q_j) l'image canonique de (P'_j, P_j) dans l'espace des plongements de Q_j dans D^n; on a une fibration canonique (du type b) considéré au début du n^v 3):

$$(P'_j, P_j) \longrightarrow (Q'_j, Q_j) \; ; \; \text{on note sa fibre} \; (F'_j, F_j).$$

La suite exacte d'homotopie locale donne:

(4) $\qquad \lambda_i(F'_j, F_j) \approx \lambda_{i+1}(Q'_j, Q_j) \quad \text{pour tout} \quad i \geqslant 0.$

Or F_1 s'identifie au groupe H.

D'autre part, soit Q^*_j l'espace de <u>tous</u> les plongements de Q_j dans D^n qui induisent l'identité sur $Q_j \cap S^{n-1}$; et soit Q^{**}_j le sous-espace de Q^*_j formé des plongements qui induisent l'identité sur Q_{j+1}. <u>En raison du caractère faiblement local des groupes</u> λ_i, on a: $\lambda_i(F'_{j+1}, F_{j+1}) \approx \lambda_i(Q^{**'}_j, Q^{**}_j)$ pour tout $i \geqslant 0$; puisque Q^{**}_j s'identifie à la fibre de la fibration canonique $Q^*_j \longrightarrow P_{j+1}$, on a: $\lambda_i(Q^{**'}_j, Q^{**}_j) \approx \lambda_i(Q^{*'}_j, Q^*_j)$ pour tout $i \geqslant 0$; enfin, comme Q^*_j est ouvert et fermé dans Q_j, il resulte de la propriété 2^c du n° 1 qu'on a: $\lambda_i(Q^{*'}_j, Q^*_j) \approx \lambda_i(Q'_j, Q_j)$ pour tout $i \geqslant 1$. D'où finalement:

$$\lambda_i(F'_{j+1}, F_{j+1}) \approx \begin{cases} \lambda_i(Q'_j, Q_j) & \text{pour } i \geqslant 1 \; . \\ \lambda_o(Q^{*'}_j, Q^*_j) & \text{pour } i = 0 \; . \end{cases}$$

Donc compte tenu de (4) ci-dessus:

$$\lambda_i(Q'_j, Q_j) \approx \begin{cases} \lambda_{i-1}(Q'_{j-1}, Q_{j-1}) & \text{pour } i \geqslant 1. \\ \lambda_o(Q^{*'}_{j-1}, Q^*_{j-1}) & \text{pour } i = 0. \end{cases}$$

J. Cerf

On a donc les isomorphismes suivants:

$$\lambda_o(Q'_n, Q_n) = 0$$

$$\lambda_1(Q'_n, Q_n) \approx \lambda_o(Q^{*'}_{n-1}, Q^*_{n-1})$$

$$\lambda_2(Q'_n, Q_n) \approx \lambda_1(Q'_{n-1}, Q_{n-1}) \approx \lambda_o(Q^{*'}_{n-2}, Q^*_{n-2})$$

. . . .

. . . .

$$\lambda_{n-1}(Q'_n, Q_n) \approx \lambda_{n-2}(Q'_{n-1}, Q_{n-1}) \approx \cdots\cdots\cdots \approx \lambda_o(Q^{*'}_1, Q^*_1)$$

$$\lambda_n(Q'_n, Q_n) \approx \cdots\cdots\cdots\cdots\cdots \approx \lambda_1(Q'_1, Q_1) \approx \lambda_o(H', H)$$

$$\lambda_{n+1}(Q'_n, Q_n) \approx \cdots\cdots\cdots\cdots \lambda_2(Q'_1, Q_1) \approx \lambda_1(H', H)$$

. . . .

. . . .

$$\lambda_{n+p}(Q'_n, Q_n) \approx \cdots\cdots\cdots\cdots \approx \lambda_{p+1}(Q'_1, Q_1) \approx \lambda_p(H', H)$$

. . . .

. . . .

Or, <u>du point de vue C^o-local</u>, (Q'_n, Q_n) s'identifie à (E', E). D'autre part, on sait que $\lambda_i(H', H) \approx \pi_i(H)$ pour tout $i \geqslant 0$ (puisque les $\mu_i(H', H)$ sont nuls); et il résulte de $[1]$, p. 341, proposition 11, qu'on a pour tout $i \geqslant 0$: $\pi_i(H) \approx \pi_i(G, SO(n+1))$.

Enfin, on peut donner comme suit une interprétation de $\lambda_o(Q'^*_1, Q^*_1)$. Soit $(A^{*'}, A^*)$ l'espace de tous les plongements de D^{n-1} dans D^n qui sont tangents à l'application identique le long de S^{n-2}. On a une fibration canonique: $(Q^{*'}_1, Q^*_1) \longrightarrow (A^{*'}, A^*)$; les λ_i de la fibre sont

J. Cerf

nuls pour tout $i \geqslant 0$; on a donc: $\lambda_i(Q^{*'}_1, Q^*_1) \approx \lambda_i(A^{*'}, A^*)$ pour tout $i \geqslant 0$. Comme $(A^{*'}, A^*)$ est presque contractile, ses λ_i s'identifient à ses π_i; donc finalement: $\lambda_o(Q^{*'}_1, Q^*_1) \approx \pi_o(A^*_1)$.

Or pour $n \neq 4$, $\pi_o(A^*)$ s'identifie canoniquement au groupe Γ^n.

(Ceci est une conséquence facile du fait que pour ces dimensions, la "conjec-ture de Schönflies différentiable" est vraie, autrement dit, pour tout plon-gement différentiable de S^n dans R^{n+1}, l'adhérence de la composante connexe bornée de $R^{n+1} - f(S^n)$ est difféomorphe à D^{n+1}; ce résultat a été démontré pour $n \geqslant 5$ par Smale; cf. $[3]$).

On a donc, en résumé:

$$(5) \quad \begin{cases} \lambda_i(E', E) \approx \pi_{i-n}(G, SO(n+1)) & \text{pour } i \geqslant n \\ \lambda_{n-1}(E', E) \approx \Gamma^n & \\ \lambda_i(E', E) \approx \lambda_o(Q^{*'}_{n-i}, Q^*_{n-i}) & \text{pour } 0 < i < n-1 \\ \lambda_o(E', E) = 0 & \end{cases}$$

En reportant dans la suite exacte (1) les résultats de (2), (3) et (5), on obtient le:

Théorème 4.[2] <u>Soit n une dimension où les conditions 1) et 2) du début de ce n^o sont remplies; soit (G', G) le groupe des difféomor-phismes de S^n qui conservent l'orientation; soient Q^*_j les espaces définis ci-dessus. On a une suite exacte:</u>

---

[2](Note rajoutée sur épreuves). Le théorème 4 peut etre amèlioré comme suit:
<u>Sous les hypothèses du théorème 4, on a des idomorphismes canoniques:</u>

. / ...

J. Cerf

$$\ldots \to \pi_{i-n}(G, SO(n+1)) \to \pi_i(SO(n+1)) \to \pi_i(G') \to \pi_{i-n-1}(G, SO(n+1)) \to \ldots$$

$$\ldots \to \pi_o(G, SO(n+1)) \to \pi_n(SO(n+1)) \to \pi_n(G') \to \Gamma^n \longrightarrow \pi_{n-1}(SO(n+1)) \to$$

$$\to \pi_{n-1}(G') \to \lambda_o(Q_1^{*\,'}, Q_1^*) \quad \ldots \to \pi_1(SO(n+1)) \to \pi_1(G') \to \lambda_o(Q_{n-1}^{*\,'}, Q_{n-1}^*)$$

$$\to 0 \to \pi_o(G') \to \quad 0$$

Si en plus (comme c'est le cas pour $n = 3$), le groupe G est dense

dans le groupe les homéomorphismes de S^n sur S^n conservant l'orien‾

tation, on peut, dans la suite exacte ci-dessus, remplacer G' par ce grou‾

pe d'homéomorphismes (cf. $[2]$).

$$. / \ldots$$

$$\pi_i(G', SO(n+1)) \approx \begin{cases} \pi_{i-n}(G, SO(n+1)) & \text{pour } i \geqslant n + 1 \\[2ex] \Gamma^n & \text{pour } i = n \\[2ex] \lambda_o(Q_{n-i-1}^{*\,'}, Q_{n-i-1}^*) & \text{pour } 0 \leq i \leq n - 1 \end{cases}$$

<u>Démonstration</u>. On remarque d'abord que, d'après le lemme de
cinq, pour tout espace bitopologique (E', E) tel que $\mu_i(E', E) \approx \pi_i(E')$
pour tout $i \geqslant 0$, on a aussi, pour tout $i \geqslant 1$, un isomorphisme canonique $\lambda_{i-1}(E', E) \approx \pi_i(E', E)$, où $\pi_i(E', E)$ designe le i-ème groupe d'homotopie de l'application d'injection $E \to E'$.
On conidére ensuite le diagramme commutatif canonique

$$\begin{array}{ccc} SO(n+1) & \to & G' \\ \downarrow & & \downarrow \\ E & \longrightarrow & E' \end{array}$$

Les fléches verticales induisent des isomorphismes sur les groupes d'homotopie: c'est classique pour la flèche de gauche, et pour la flèche de droite, cela rèsulte du théorème 2 et du 2e du théorème 3. Donc, d'après
le lemme de cinq, on a un isomorphisme canonique $\pi_i(E', E) \approx$
$\approx \pi_i(G', SO(n+1))$, ce qui, compte tenu de (5), achève la démonstration.

J. Cerf

B i b l i o g r a p h i e.

[1]   J. CERF,   Topologie de Certains Espaces de Plongements, Bull.
                 Soc. Math. de France, 1961.

[2]   J. CERF,   Groupes d'homotopie locaux, Comptes Rendus Acad.
                 Sc. Paris, 1961, t. 252, p. 4093; et t. 253, p. 363.

[3]   S. SMALE,   On the structure of Manifolds, Ann. of Maths.

[4]   R. THOM,   La classification des immersions d'après Smale,
                 Seminaire Bourbaki.

CENTRO INTERNAZIONALE MATEMATICO ESTIVO

(C. I. M. E.)

29

ANDRE' HAEFLIGER

VARIETES FEUILLETEES

ROMA - Istituto Matematico dell'Università

VARIETES FEUILLETEES

par André Haefliger (Genève)

Le but de cex huit leçons est d'exposer, sans prétendre être complet, les principaux résultats (à vrai dire fort peu nombreux) de la théorie des variétés feuilletées créée par C. Ehresmann et G. Reeb. Sans viser à la généralité la plus grande, nous nous efforcerons de bien dégager, par des exem ples et dans les démonstrations, les notions fondamentales, celle d'holonomie par exemple qui est due à C. Ehresmann et qui est à la base de toute la théorie.

Les 3 références de base sont

G. Reeb, Sur certaines propriétés topologiques des variétés feuilletées, Act. Sc. et Ind., Hermann, Paris, 1952.

C. Ehresmann et Shih W. S., Sur les espaces feuilletés: théorème de stabilité, C. R. Acad. Sc., Paris 243 (1956), 344-6.

A. Haefliger, Structures feuilletées et..., Comm. Math. Helv. 32, 1958, 248-329.

1. Définitions et exemples.

Disons qu'une application d'un ouvert d'un espace numérique réel dans un autre est de classe r, où $r = o, \ 1, 2, \ldots, n, \ldots, \infty$ ou ω, si elle est continue lorsque $r = o$, si elle est r fois continûment différentiable lorsque r est un entier > 0 ou ∞, si elle est analytique réelle lorsque r est le symbole ω.

Un homéomorphisme local de R^n (c. à d. un homéomorphisme d'un ouvert de l'espace numérique réel R^n de dimension n sur un ouvert de R^n) est dit de classe r si il est de classe r ainsi que son inverse.

André Haefliger

Une variété de dimension n de classe r est un espace topologique V, séparé sauf mention explicite du contraire, muni d'un ensemble de cartes qui sont des homéomorphismes d'ouverts de R^n sur ouverts de V, les changements de cartes étant des homéomorphismes de classe r de R^n.

Les notions d'applications de classe r ou d'homéomorphismes locaux de classe r s'étendent naturellement au cas des variétés de classe r.

Une application f d'une espace topologique X dans un espace topologique Y est localement un homéomorphisme si tout point de X possède un voisinage ouvert appliqué homéomorphiquement par f sur un ouvert de Y.

1.1. Définition d'un feuilletage à l'aide des cartes.

Identifions l'espace numérique réel R^n de dimension n au produit $R^p \times R^{n-p}$; désignons par $x = (x_1, \ldots, x_p)$ les p premières coordonnées de R^n et par $y = (y_1, \ldots, y_{n-p})$ les n-p dernières coordonnées.

L'exemple le plus simple d'une structure feuilletée de codimension p sur R^n est celle dont les feuilles sont les (n-p) - plans parallèles au sous-espace linéaire défini par x = 0. Un homéomorphisme local h de classe r de cette structure $\mathcal{F}_o$ est un homéomorphisme local de R^n qui préserve localement les feuilles: au voisinage de tout point (x, y) où h est défini, l'homéomorphisme h (x, y) = (x', y') s'exprime par des équations de la forme:

$$
\begin{aligned}
x' &= \bar{h}_1 (x) \\
y' &= \bar{h}_2 (x, y)
\end{aligned}
$$

(1)

Remarquons que $\bar{h}_1$ est un homéomorphisme local de R^p de classe r.

André Haefliger

Sur une variété V de dimension n et de classe r, une structure feuilletée (ou feuilletage) $\mathcal{F}$ de classe r et de codimension p, ou de dimension p, est définie par un ensemble maximal (atlas complet) de cartes h_i qui sont des homéomorphismes de classe r d'ouverts U_i de R^n sur des ouverts de V et qui vérifie les deux propriétés:

(i) les buts $h_i(U_i)$ des cartes h_i forment un recouvrement de V,

(ii) les changements de cartes $h_j^{-1} h_i$ sont des homéomorphismes locaux de R^n de classe r qui sont localement de la forme (1).

On dira aussi que le feuilletage $\mathcal{F}$ est topologique, différentiable ou analytique suivant que $r = o$, $o < r \leqslant \infty$ ou $r = \omega$.

En restreignant la forme des changements de cartes, on peut définir encore des structures plus précises. Par exemple une structure feuilletée sera dite <u>orientée</u> (ou <u>transversalement orientée</u>) si les changements de cartes sont de la forme (1), avec la condition supplémentaire que l'homéomorphisme local $\bar{h}_1$ de R^p conserve l'orientation. Elle sera dite <u>transversalement analytique</u> si $\bar{h}_1$ est analytique.

On a également la notion de feuilletage analytique complexe en remplaçant dans la définition précédente R^n par l'espace numérique complexe C^n, les changements de cartes étant supposés analytiques complexes.

Il est clair aussi que l'on pourrait plus généralement remplacer dans la définition précédente $R^n = R^p \times R^{n-p}$ par le produit $B \times F$ de deux espaces topologiques quelconques, les changements de cartes étant toujours de la forme (1).

Toute structure feuilletée de classe r sur V induit d'une manière évidente une telle structure sur tout ouvert de V.

André Haefliger

1.2. <u>Les applications distinguées</u>. Soit $\mathcal{F}$ une structure feuilletée de co-dimension p sur V, définie par un atlas complet formé de cartes h_i et soit π la projection naturelle de $R^n = R^p \times R^{n-p}$ sur le premier facteur R^p. Les applications continues f d'ouverts de V dans R^p qui sont localement de la forme πh_i^{-1} sont appelées les <u>applications distinguées de</u> $\mathcal{F}$.

Les applications distinguées forment un ensemble d'applications f_i de classe r (et de rang p si $r > 0$) d'ouverts V_i de V dans R^p vérifiant les deux propriétés:

a) les V_i forment un recouvrement de V

b) une application f d'un ouvert U de V dans R^p est distinguée si et seulement si, pour toute autre application distinguée $f_i : V_i \longrightarrow R^p$ et tout point $z \in U \cap V_i$, il existe un homéomorphisme local de classe r de R^p tel que

$$(1') \qquad\qquad f = h\, f_i \qquad \text{au voisinage de . } z.$$

Dans le cas d'une structure feuilletée orientée, l'homéomorphisme local h de (1') est astreint à conserver l'orientation de R^p.

<u>Remarquons que les applications distinguées caractérisent complè-tement la structure</u> $\mathcal{F}$ et nous les utiliserons constamment dans la suite.

Soit f une application d'une variété V de classe r dans une variété V' de classe r qui est localement un homéomorphisme de classe r. Soit $\mathcal{F}'$ un feuilletage de classe r sur V'. Les applications d'ouverts de V dans R^p obtenues en composant f avec les applications distinguées de $\mathcal{F}'$ sont des applications distinguées d'un feuilletage $\mathcal{F}$ sur V appelé <u>l'image réciproque par</u> f <u>de</u> $\mathcal{F}'$.

<u>Remarque</u>. La considération des applications distinguées conduit à la géné-

André Haefliger

ralisation naturelle suivante.

Soit B un espace topologique auxiliaire muni d'un pseudogroupe Γ de transformations. Une Γ-structure feuilletée sur un espace topologique X est définie par une famille d'applications continues d'ouverts V_i de V dans B vérifiant les deux conditions précédentes, l'homéomorphisme local h dans (1') devant etre un élément de Γ.

L'avantage de cette définition est de mettre l'accent sur la structure transverse aux feuilles (celle de B muni de Γ) qui est, comme le montre l'expérience, souvent plus importante que celle des feuilles.

1.3. <u>Les feuilles</u>. Soit T_0 la topologie de $R^n = R^p \times R^{n-p}$ qui est le produit de la topologie discrète de R^p par la topologie naturelle de R^{n-p}. Les composantes connexes de R^n suivant T_0 sont précisément les feuilles de $\widetilde{\mathcal{F}}_0$, c'est à dire les plans $x = $ constante, munis de leur topologie naturelle. Les automorphismes locaux h de $\widetilde{\mathcal{F}}_0$ sont aussi des homéomorphismes pour la topologie T_0 d'après (1). Il existe donc une topologie T unique sur V telle que chaque carte h_i soit un homéomorphisme de U_i sur $h_i(U_i)$ pour les topologies induites par T_0 et T respectivement.

Par définition <u>les feuilles de la structure $\mathcal{F}$ sont les composantes connexes de</u> V <u>relativement à cette topologie</u> T (<u>appelée la topologie des feuilles</u>). Les feuilles de $\mathcal{F}$ sont donc des sous-variétés de V de dimension $n-p$ qui sont de classe r si $\mathcal{F}$ est de classe r.

La topologie T des feuilles peut être aussi définie par les applications distinguées: une base de T est formée par les images réciproques des points de R^p par les diverses applications distinguées.

L'espace quotient de V par la relation d'équivalence ρ dont les

André Haefliger

classes sont le feuilles de $\mathcal{F}$ est appellé l'espace des feuilles de $\mathcal{F}$.
Remarquons que ρ est une relation d'équivalence ouverte (les feuilles
rencontrant un ouvert de V forment un ouvert de V); en effet, elle est
engendrée par les relations d'équivalence locales ouvertes ρ_i dont les
classes sont les feuilles des structures feuilletées induites par $\mathcal{F}$ sur les
buts des cartes h_i. Il en résulte que l'adherence d'un sous-ensemble de
V qui est réunion de feuilles est elle-même réunion de feuilles de $\mathcal{F}$.

Nous utiliserons souvent la notion de sous-variété transverse à un
feuilletage. Soit $\mathcal{F}$ un feuilletage de classe r et de codimension p
sur V. Une sous-variété W de classe r de V (ou une variété W
munie d'une application j de classe r dans V) est dite transverse à
$\mathcal{F}$ si la restriction à W (ou la composition avec f) de toute application
distinguée de $\mathcal{F}$ est localement un homéorphisme de classe r dans R^p.
Ainsi pour $r > 0$, en tout point z de V, l'espace tangent à W en
z est complémentaire à l'espace tangent à la feuille passant par z.

Une feuille F est dite propre si la topologie induite sur F par
la topologie de V est la meme que la topologie induite sur F par la topologie des feuilles T.

D'après ce qui précède, une feuille est propre si et seulement s'il
existe une petite sous-variété transverse au feuilletage coupant F en un
seul point.

Une feuille F est fermée si c'est un sous-espace fermé de V
(muni de sa topologie usuelle). Une feuille propre est fermée si et seulement
si tout compact situé dans une sous-variété transverse coupe F en un nombre fini de points, et réciproquement.

Proposition. Toute feuille fermée d'un feuilletage défini sur une variété

André Haefliger

V à base dénombrable est aussi propre ([7]).

Un exemple montre que sur une variété à base non dénombrable, une feuille peut remplir toute la variété.

Le lemme suivant est essentiellement démontré dans Chevalley [1] (voir aussi [7] , p. 4).

Lemme. Si V est à base dénombrable, toute feuille d'un feuilletage sur V est également à base dénombrable.

La proposition se démontre alors en remarquant que si la feuille fermée F n'était pas propre, elle couperait une sous-variété transverse suivant un ensemble fermé parfait. Or un ensemble parfait n'est pas dénombrable, ce qui contredit le fait que F est à base dénombrable.

Pour plus de propriétés relevant de la topologie générale des feuilletages, voir Reeb [11] Chapitre A et [12] .

1. 4. _Orientation d'un feuilletage._ Soit $\mathcal{F}$ un feuilletage de codimension p défini sur V. Les applications distinguées de $\mathcal{F}$ définies au voisinage d'un point z de V se répartissent en deux classes, ainsi définies: deux applications distinguées f et g sont dans la même classe si l'homéomorphisme local h de R^p tel que g = hf au voisinage de z, est de degré 1 en f (z). Chacun de ces classes est appelée un _germe d'orientation de_ $\mathcal{F}$ _au point_ z.

Munissons l'ensemble V^* des germes d'orientation de $\mathcal{F}$ d'une topologie en décidant qu'un sous-ensemble U^* de V^* est un élément d'une base de cette topologie si U^* est l'ensemble des germes d'orientation définis par une application distinguée aux différents point de sa source. La projection de V^* sur V associant à chaque germe d'orientation au point z, le point z lui-meme, fait de V^* un revêtement à deux feuillets de V.

André Haefliger

Plus précisément, on a la

Proposition. L'espace V^* des germes d'orientation d'un feuilletage $\mathcal{F}$ sur V est un revêtement à deux feuillets de V. Le feuilletage $\mathcal{F}^*$ sur V^*, image réciproque de $\mathcal{F}$ par la projection de ce revêtement, est orienté. Le feuilletage $\mathcal{F}$ est orientable si et seulement si ce revêtement est trivial.

Ainsi tout feuilletage d'une variété simplement connexe est orientable.

Exemples

1.5. Feuilletages simples. Un feuilletage $\mathcal{F}$ de classe r sur une variété V est dit simple s'il existe une application f de V sur une variété W (séparée ou non) de classe r et de dimension p vérifiant la condition suivante: pour tout homéomorphisme g de classe r d'un ouvert de R^p sur un ouvert de W, l'application $g^{-1}f$ est une application distinguée de $\mathcal{F}$. Les feuilles de $\mathcal{F}$ sont alors les composantes connexes des images réciproques par f des points de W. L'espace des feuilles de $\mathcal{F}$ (cf. 1.2) est une variété, en général non séparée, de classe r, muni d'une projection φ sur W qui est localement un homéomorphisme de classe r. Réciproquement, si l'espace des feuilles est une variéte de dimension p et de classe r, alors le feuilletage est simple. On pourra prendre pour f l'application naturelle de V sur l'espace des feuilles de $\mathcal{F}$. Un feuilletage est simple si et seulement si, pour tout point z de V, il existe une application distinguée f définie dans un voisinage U de z et qui applique l'intersection non vide de toute feuille avec U sur un seul point de R^p.

Par exemple, en vertu du théorème des fonctions implicites, une ap-

André Haefliger

plication f de classe r (r > 0) et de rang p de V sur une variété
de classe r et de dimension p définit sur V un feuilletage simple.

Toute structure feuilletée de classe 0 et de codimension 1 du
plan R^2 est simple (cf. [8]).

Sur R^n, tout feuilletage de classe 0 et de codimension 1 dont
toutes les feuilles sont fermées est aussi simple (cf. 3. 4 et [7]).

Une fibration de classe r sur une variété V est aussi un exemple
d'un feuilletage simple; les feuilles sont les composantes connexes des fi -
bres. La structure induite sur tout ouvert d'un feuilletage simple est simple.

1. 6. <u>Champ de plans complètement intégrable.</u> Soit V une variété de classe r + 1 ⩾ 2 et de dimension n. Soit Π un champ de q-plans de
classe r sur V. Autrement dit, en chaque point x de V on se donne un sous-espace linéaire $\Pi(x)$ de dimension q de l'espace des vecteurs tangents à V en x, ce sous-espace étant une fonction de classe r
de x. Le champ Π est dit complètement intégrable si, pour tout x de
V, il existe une sous-variété W de classe r de V de dimension q,
telle qu'en tout point y de W, l'espace tangent à W en y soit $\Pi(y)$.

Si le champ Π est donné localement par q champs de vecteurs
linéairement indépendants $X_1, \ldots, X_q$ (c. à d. qu'en chaque point x où
ils sont définis, les q champs X_i engendrent $\Pi(x)$), la condition de
complète intégrabilité est équivalente au fait que le crochet $[X_i, X_j]$ de
deux champs quelconques est une combinaison linéaire des X_k (cf. [1]).
Dualement, si Π est donné localement par l'annulation de n-q formes
$\omega_1, \ldots, \omega_{n-q}$ de degré 1, le champ Π est complètement intégrable si
et seulement si la différentielle extérieure $d\omega_i$ appartient à l'anneau engendré par les formes ω_j.

André Haefliger

Si $\mathcal{F}$ est une structure feuilletée sur V de classe $r + 1 > 1$ et de dimension q, les plans tangents aux feuilles de $\mathcal{F}$ forment un champ complètement intégrable de q-plans de classe r.

Réciproquement, un champ de classe r de q-plans complètement intégrable sur V définit une structure feuilletée $\mathcal{F}$ de classe r dont les feuilles sont les variétés intégrales maximales de ce champ. Une application distinguée de $\mathcal{F}$ est donnée par n-q intégrales premières indépendantes locales.

Signalons à ce propos deux problèmes fondamentaux, mais sur lesquels rien n'est connu.

<u>Problème d'existence.</u> Soit V une variété munie d'un champ continu Π de q-plans de classe r. A quelles conditions existe-t-il sur V un champ de q-plans complètement intégrable de classe r et homotope à Π ?

<u>Problème d'approximation.</u> Soit V une variété de classe ∞ munie d'un champ Π de q-plans complètement intégrable de classe r. A quelles conditions exist-t-il sur V un champ complètement intégrable de q-plans de classe $r' > r$ et approchant Π ?

1.7. <u>Classes modulo un sous-groupe.</u> Soit G un groupe de Lie et H un sous-groupe analytique connexe de G. Les classes à gauche de G modulo H sont les feuilles d'une structure feuilletée analytique sur G (cf. [1]). Toutes les feuilles sont isomorphes entre elles, car elles se déduisent les unes des autres par translation à gauche. Elles sont propres (cf. 1.2) si et seulement si H est un sous-groupe fermé. L'exemple le plus simple d'un sous-groupe non fermé s'obtient en prenant pour G le tore à 2 dimensions (quotient du plan R^2 par le sous-groupe des points à coordonnées entières) et pour H le sous-groupe à 1 paramètre déterminé par une droite passant

André Haefliger

par $(0,0)$ et de pente irrationnelle.

1.8. <u>Fibré à groupe structural discret</u>. Soient X et B des variétés de classe r, X étant connexe et B de dimension p. La variété X s'identifie au quotient de son revêtement universel $\widetilde{X}$ par un groupe Π d'homéomorphismes de B de classe r, qui est d'ailleurs isomorphe au premier groupe d'homotopie de B. Soit ϕ une représentation de Π dans un groupe d'homéomorphismes de classe r de B. Soit V le quotient du produit $\widetilde{X} \times B$ par la relation d'équivalence qui identifie les couples (x', y') et (x, y) s'il existe un élément g de Π tel que $x' = g(x)$ et $y' = \phi(g)y$. La variété $\widetilde{X} \times B$, munie de la projection naturelle sur V, est un revêtement de V.

La projection de $\widetilde{X} \times B$ sur $\widetilde{X}$ donne par passage au quotient une projection π de V sur X; muni de cette projection, V est un espace fibré de base X, fibre B et groupe structural discret Π (cf. 14) ou muni d'une connexion intégrable (cf. [4]). Inversement, toute structure fibrée de classe r à groupe structural discret peut s'obtenir de cette manière.

D'autre part, V est muni d'une structure feuilletée de classe r et de codimension p dont les feuilles sont transverses aux fibres. En effet, la projection de $\widetilde{X} \times B$ sur B définit une structure feuilletée simple de classe r sur $\widetilde{X} \times B$. Le groupe Π agissant sur $\widetilde{X} \times B$ par les transformations de la forme $(x, y) \longrightarrow (g(x), \phi(g)y)$, où $g \in \Pi$, est un groupe d'automorphismes de ce feuilletage. Par passage au quotient, on obtient sur V une structure feuilletée $\mathcal{F}_\phi$ dont les feuilles sont les images $F(y)$, par la projection naturelle de $\widetilde{X} \times B$ sur V, des sous-variétés $\widetilde{X} \times y$, ou $y \in B$. La variété V, munie de la topologie des feuilles et de la projection π sur X, est un revêtement de X; en particu-

André Haefliger

lier chaque feuille est un revetement de X.

Voici un exemple spécifique d'un feuilletage de codimension 1 obtenu de cette manière sur un variété de dimension 3. Soit X la bouteille de Klein, quotient du plan R^2 par l'action du groupe Π engendré par les deux transformations

$$g_1 \begin{cases} x'_1 = x_1 + 1 \\ x'_2 = x_2 \end{cases} \quad \text{et} \quad g_2 \begin{cases} x'_1 = -x_1 \\ x'_2 = x_2 + 1 \end{cases}$$

Ces deux générateurs sont liés par la seule relation $g_1 g_2^{-1} g_1 g_2 =$ = Identité. Soit ϕ la représentation de Π dans le groupe des homéomorphismes du cercle S^1 qui applique g_1 sur une rotation non périodique et g_2 sur une symétrie axiale (renversant l'orientation). La construction précédente donne un feuilletage sur une variété V de dimension 3 orientable; les feuilles sont soit des rubans simples, soit des rubans de Möbius. Chaque feuille est partout dense.

D'une manière générale, l'étude des feuilletages $\tilde{\mathcal{F}}_\phi$ obtenus de la manière précédente se ramène essentiellement à celle des représentations ϕ du groupe fondamental Π de X dans le groupe des homéomorphismes de classe r de B.

Ainsi la feuille F (y) correspond à l'orbite du point y de B selon le groupe $\phi(\overline{\Pi})$; la feuille F (y) est partout dense dans V si et seulement si l'orbite de y est partout dense dans B; la feuille F (y) est propre (cf. 1.3) si la topologie de B induit sur l'orbite de y la topologie discrète. L'espace des feuilles de $\tilde{\mathcal{F}}_\phi$ est le quotient de B par l'action de $\phi(\overline{\Pi})$. Lorsque B est compact, les propriétés de stabilité de $\tilde{\mathcal{F}}_\phi$ et de ϕ se correspondent, etc.

André Haefliger

Signalons que G. Reeb a fait une étude détaillée du cas où X est le tore, B le segment $[0, 1]$ et où $r \geqslant 2$ (cf. $[13]$).

1. 9. <u>Feuilletage de S^3 de codimension 1</u>. Voici l'exemple le plus simple et le plus classique qui est dû à Reeb. Soit D^2 le disque formé des vecteurs x du plan dont la norme $|x|$ est ≤ 1. Dans le cylindre $D^2 \times R$, considérons le feuilletage dont une feuille est le bord $S^1 \times R$ du cylindre et dont les autres feuilles sont les surfaces définies par $(x, \frac{|x|^2}{1 - |x|^2} + a)$, où a est un paramètre réel et ou $|x| < 1$.

Un tore plein T est le quotient du produit $D^2 \times R$ par la relation d'équivalence qui identifie (x, t) et $(x, t+n)$, où n est un entier quelconque; il y a correspondence biunivoque entre feuilletage de T et feuilletage de $D^2 \times R$ invariant par la translation $(x, t) \longrightarrow (x, t+1)$. Le feuilletage précédent définit donc dans le tore plein T un feuilletage dont le bord est une feuille.

En prenant deux tores pleins feuilletés comme plus haut et en les recollant le long de leur bord par un homéomorphisme qui applique les méridiens de l'un sur les parallèles de l'autre, on obtient un feuilletage de S^3. Toutes les feuilles sont propres et une seule feuille est compacte, à savoir le bord commun des deux tores.

En remplaçant la fonction $|x|^2/(1 - x|^2)$ par une fonction convenable on peut obtenir un feuilletage de classe $C\omega$; nous verrons plus loin qu'il n'existe pas de feuilletage sur S^3 qui soit analytique.

En choisissant d'autres feuilletages du tore plein, le bord étant toujours une feuille, on peut varier à l'infini l'exemple de Reeb. On peut obtenir autant de feuilles compactes que l'on veut (ce sont toujours des tores d'après un théorème général d'Ehresmann (cf. $[5$)); dans les exemples connus, les feuilles non compactes sont homéomorphes à des plans privés

André Haefliger

d'un certain nombre de points; on peut aussi obtenir des feuilles denses dans un ouvert.

Kneser a conjecturé que tout feuilletage de S^3 de codimension 1 admet une feuille compacte. Parmi les problèmes ouverts, signalons les suivants: quels sont les noeuds dans S^3 dont le bord d'un voisinage tubulai_ re peut être une feuille d'un feuilletage? On peut voir que c'est possible pour les noeuds du tore. Existe-t-il un feuilletage de S^3 avec des feuilles non compactes qui ne sont pas homéomorphes à un plan troué?

On peut se demander aussi quelles sont les variétés compactes de dimension 3 qui peuvent être feuilletées par des surfaces. Il est toujours possible de construire un feuilletage de codimension 1 sur une variété de dimension 3 qui est un espace fibré par des cercles au sens de Seifert (avec des fibres singulières).

Remarquons encore, qu'à part le cas de S^3, on ne connaît aucun feuilletage de sphères, en dehors des cas où l'on connait l'existence de fibrations.

1.10. <u>Tourbillons dans un feuilletage.</u> (cf. Reeb, $\begin{bmatrix}11\end{bmatrix}$ p. 114-5). Soit D^r le disque formé des vecteurs z de R^r de norme $|z| \leq 1$. Dans le produit $S^1 \times D^{p-1} \times D^{n-p}$ formé des triples (θ, x, y), nous allons perturber le feuilletage de codimension p dont les feuilles sont les $(n-p)$-disques $\{\theta\} \times \{x\} \times D^{n-p}$ en le laissant fixe sur le bord.

En plongeant le tube $S^1 \times D^{p-1} \times D^{n-p}$ dans une variété feuilletée donnée de sorte que $S^1 \times D^{p-1} \times \{y\}$ soit transverse aux feuilles et (θ, x, D^{n-p}) soit contenu dans les feuilles pour tout $\theta, x, y,$ on pourra perturber le feuilletage à l'intérieur du tube sans le changer à l'extérieur.

Soit $\alpha(u,v)$ une fonction de classe ∞ des deux variables u et v, définie sur le carré $0 \leq |u| \leq 1$ et $0 \leq |v| \leq 1,$ paire

André Haefliger

en u et v, égale à 0 au voisinage du bord et infinie aux points $u = 0$ et $|v| = 1/2$.

Dans le produit $R \times D^{p-1} \times D^{n-p}$, formé des triples (t, x, y), considérons le feuilletage de classe ∞ dont les feuilles sont les sous-variétés définies par

$$x = x_0$$
$$t = \alpha(|x|, |y|) + t_0$$

où x_0 et t_0 sont des constantes

et par $x = 0$, $|y| = 1/2$.

Ce feuilletage étant invariant par la translation $(t, x, y) \longrightarrow (t+1, x, y)$, on en déduit par passage au quotient un feuilletage sur $S^1 \times D^{p-1} \times D^{n-p}$.

Les feuilles passant par des points où $x \neq 0$ sont des $(n-p)$-disques. Celles qui passent par des points où $x = 0$ et $|y| \neq 1/2$ sont homéomorphes à $R^+ \times S^{n-p-1}$ ou à R^{n-p} suivant que $|y| > 1/2$ ou $|y| < 1/2$. Il existe une feuille homéomorphe à $S^1 \times S^{n-p-1}$, celle qui est définie par $x = 0$ et $|y| = 1/2$. R^+ désigne la demi-droite $[0, \infty[$

2. La notion d'holonomie

2.1. Introdution. Soit $\mathcal{F}$ un feuilletage de classe r et de codimension p sur une variété V. Soit F une feuille de $\mathcal{F}$ et soit $\pi_1(F, z)$ le groupe des classes d'homotopie des lacets de F au point z de F. L'holonomie de F est une représentation $\phi : \pi_1(F, z) \longrightarrow G$, où G est le groupe des germes d'homéomorphismes locaux de classe r de R^p, à l'origine 0, qui laissent fixe 0 (cf. 2.2). Cette représentation est définie à un automorphisme intérieur près de G. L'image de ϕ est le grou-

André Haefliger

pe d'holonomie de F (défini à un conjugué près).

Cette notion fondamentale a été introduite par C. Ehresmann (elle était déjà sous-jacente dans la thèse de Reeb); elle donne à peu près tous les renseignements connus sur le voisinage d'une feuille. Par exemple le théorème de stabilité affirme que si le groupe d'holonomie d'une feuille compacte F est fini, alors il existe un voisinage de F qui est réunion de feuilles compactes. Dans le cas différentiable ou analytique, nous avons montré ($\left[9\right]$) que l'holonomie d'une feuille propre caractérise complètement son voisinage feuilleté (cf. 2. 7).

La notion d'holonomie est bien connue dans le cas d'un système dynamique donné sur une variété par un système d'équations différentielles ordinaires. Soit F une trajectoire fermée (un cercle) et soit B_p une petite boule, centré en $z \in F$, transverse aux trajectoires. La trajectoire partant d'un point y de B_p va recouper B_p en un point $\varphi(y)$, si y est assez proche de z; l'application $y \longrightarrow \varphi(y)$ est un homéomorphisme d'un voisinage de z dans B_p sur un voisinage de z (cet homéomorphisme est de classe r si le système donné est de classe r). L'holonomie de F est dans ce cas la représentation qui fait correspondre au générateur de $\pi_1(F, z) = Z$ le germe de φ en z. Les deux résultats cités ci-dessus sont évidents dans ce cas particulier.

2.2. <u>Rappel sur les germes d'applications.</u> Soient X et Y des espaces topologiques. Deux applications continues f et f' de voisinages de $x \in X$ dans Y ont le même germe en x si leur restriction à un voisinage convenable de x coincident. Ainsi le <u>germe de f en x</u> est l'ensemble de toutes les applications f' de voisinages de x dans Y qui sont égales à f dans un voisinage de x (ce voisinage dépendant de f'). Le point x est appelé la <u>source</u> du germe de f en x, et le point

André Haefliger

$y = f(x)$ son but.

Si g est une application continue d'un voisinage de $f(x)$ dans un espace topologique Z, le germe de gf au point x ne dépend que des germes de f en x et de g en y et est appelé le composé de ces germes. Ainsi les germes d'homéomorphismes locaux de classe r de R^p à l'origine 0 et qui laissent fixe 0, forment un groupe.

2.3.   L'espace des germes distingués d'un feuilletage. Soit $\widetilde{\mathcal{F}}$ une structure feuilletée de classe r sur une variété V. Considérons l'ensemble $\widetilde{V}$ de tous les germes d'applications distinguées de $\mathcal{F}$ aux différents points de V (nous dirons l'ensemble des germes distingués de $\mathcal{F}$); cet ensemble $\widetilde{V}$ est muni d'une projection sur V,   celle qui fait correspondre à chaque germe distingué au point x le point x lui-même. A toute application distinguée f de $\mathcal{F}$, définie sur un ouvert U de V, correspond un relèvement $\widetilde{U}$ de U dans $\widetilde{V}$ formé de tous les germes de f aux points de U ; les sous-ensembles $\widetilde{U}$ de $\widetilde{V}$ obtenus de cette manière forment la base d'une topologie sur $\widetilde{V}$. La projection α est localement un homéomorphisme.

Comme la topologie T des feuilles de $\mathcal{F}$ sur V est plus fine que la topologie de V, il existe une topologie $\widetilde{T}$ sur $\widetilde{V}$ unique (encore appelée topologie des feuilles sur $\widetilde{V}$) telle que α soit encore un homéomorphisme local lorsque $\widetilde{V}$ et V sont munis des topologies $\widetilde{T}$ et T.

En général, $\widetilde{V}$ muni de α n'est pas un revêtement de V. Cependant, nous allons vérifier le fait remarquable suivant.

Proposition: L'espace $\widetilde{V}$ des germes distingués, muni de la projection source α , est un revêtement de V, lorsque $\widetilde{V}$ et V sont munis de la topologie des feuilles $\widetilde{T}$ et T.

André Haefliger

__Démonstration.__ Soit $z \in V$ et soit f une application distinguée définie dans un voisinage ouvert U de z. Le sous-ensemble $U_0 = f^{-1}(x)$ de U, où $x = f(z)$, est un ouvert pour la topologie T. Tout élément de $\alpha^{-1}(U_0)$ est le germe en un point $z' \in U_0$ d'une application distinguée de la forme $h.f$, où h est un homéomorphisme local de R^p de classe r, défini au voisinage de x. Les germes de $h.f$ aux points de U_0 forment un relèvement U_h de U_c dans $\tilde{V}$ et c'est un ouvert pour la topologie $\tilde{T}$. La projection α applique homéomorphiquement U_h sur U_0. D'autre part, si h' est aussi un homéomorphisme local de R^p de classe r, défini au voisinage de x, alors U_h et $U_{h'}$ n'ont de points communs que si h et h' ont le même germe en x, auquel cas ils coincident. Ainsi $\alpha^{-1}(U_0)$ est réunion disjointe d'ouverts de $\check{T}$ appliqués homéomorphiquement par α sur U_0, ce qu'il fallait démontrer.

__2.4. L'holonomie d'une feuille.__ Soit G le groupe des germes d'homéomorphismes locaux de R^p de source et but l'origine (cf. 2.2). __Etant donné une feuille__ F __d'une structure feuilletée__ $\tilde{\mathcal{F}}$ __sur__ V, __nous allons construire une représentation__ ϕ __de__ $\pi_1(F, z)$, $z \in F$, __dans__ G, __définie à un automorphisme intérieur près de__ G, __et appelé l'holonomie de__ F. Il serait plus correct de définir l'holonomie de F comme un élément de $H^1(F; G)$, le premier groupe de cohomologie de F à coefficient G (cf. $\begin{bmatrix} 9 \end{bmatrix}$).

ϕ sera déterminé sans ambiguité par la donnée du germe $\tilde{z}$ en z d'une application distinguée f telle que $f(z) = 0$. Soit $c : \begin{bmatrix} 0,1 \end{bmatrix} \to F$ un lacet de F en z dont la classe d'homotopie est un élément γ de $\pi_1(F, z)$; le chemin c se relève suivant un chemin unique $\tilde{c}$, dans le revêtement $\tilde{V}$ de V, d'origine $\tilde{z}$. L'extrémité de $\tilde{c}$ est le germe $\tilde{z}'$ en z d'une application distinguée f' telle que $f'(z) = 0$. Il existe

André Haefliger

ainsi un élément unique g de G tel que $\tilde{z}' = g\tilde{z}$ (composé des germes, cf. 2.2); g ne dépend que de γ. La correspondance associant à γ l'élément g est un homomorphisme ϕ de $\pi_1(F, z)$ dans G (avec la convention contraire à l'usage que si γ_1 et $\gamma_2 \in \pi_1(F, z)$, alors $\gamma_2 \gamma_1$ est la classe d'homotopie d'un lacet obtenu en parcourant d'abord un lacet c_1 qui représente γ_1 et ensuite un lacet c_2 qui représente γ_2).

Si l'on était parti d'un germe distingué $\tilde{z}'$ en z, la représentation ϕ construite à partir de $\tilde{z}'$ se déduirait de celle construite à partir de $\tilde{z}$ en la composant avec l'automorphisme intérieur déterminé par g, où g est l'élément de G défini par $\tilde{z}' = g\tilde{z}$.

Le groupe d'holonomie de F est le sous-groupe de G, défini à un conjugué près, image de $\pi_1(F, z)$ par ϕ.

Remarque. La notion d'holonomie peut s'étendre sans aucun changement au cas de Γ-structures feuilletées (voir remarque de 1.2) qui vérifient la condition de non dégénérescence suivante: étant donnés une application destinguée f, un point z de sa source et deux éléments h et h' de Γ définis au point $f(z)$, si hf et $h'f$ ont le même germe en z, alors h et h' ont le même germe en $f(z)$.

Exemples. Dans les exemples 1.5 et 1.7, le groupe d'holonomie est toujours l'identité. Dans l'exemple 1.8, le groupe d'holonomie d'une feuille $F(y)$ est isomorphe au groupe des germes en y des éléments de $\phi(\Pi)$ qui laissent fixe y. Le groupe fondamental de $F(y)$ est isomorphe au sous-groupe Π_y de Π formé des éléments g tels que $\phi(g)y = y$. L'holonomie de $F(y)$ est équivalente à la représentation qui associe à tout élément g de Π_y le germe de $\phi(g)$ en y. Dans l'exemple spécifique de 1.8, le groupe d'holonomie d'une feuille est l'identité ou d'ordre 2

André Haefliger

selon que cette feuille est un ruban simple ou un ruban de Möbius.

D'une manière générale, si le groupe d'holonomie d'une feuille F d'un feuilletage de codimension 1 est fini, il est soit l'identité, soit d'ordre 2 suivant que F est bilatère ou non.

Pour le feuilletage classique de S^3, l'holonomie de la feuille compacte homéomorphe à un tore fait correspondre au générateur représenté par un méridien (resp. un parallèle) le germe à l'origine d'un homéomorphisme de R qui est l'identité sur la demi-droite négative (resp. positive) et qui n'est pas l'identité sur l'autre demi-droite. Ceci montre que le feuilletage n'est pas analytique.

2.5. <u>Interprétation géométrique de l'holonomie.</u> Les considérations qui suivent doivent éclaircir la signification géométrique de l'holonomie d'une feuille.

<u>Soit C un chemin dans une feuille F et soient T_o et T_1 des sous-variétés transverses à $\widehat{\mathcal{F}}$ contenant $z_o = C(o)$ et $z_1 = C(1)$. Pour tout voisinage U de C dans V, il existe un homéomorphisme Φ_C de classe r d'un voisinage de z_o dans T_o sur un voisinage de z_1 dans T_1 vérifiant les propriétés:</u>

<u>(i) Si Φ_C est défini en $z \in T_o$, alors $\Phi_C(z)$ appartient à l'intersection de T_1 et de la feuille passant par z du feuilletage induit par $\widetilde{\mathcal{F}}$ sur U.</u>

<u>(ii) Le germe de Φ_C en z_o ne dépend ni de U ni du chemin C dans sa classe d'homotopie.</u>

<u>(iii) Suppose $z_o = z_1$ et $T_o = T_1$; soit γ la classe d'homotopie de lacet C dans F; soit $\bar{f}$ la restriction à T_o d'une application distinguée f telle que $f(z_o) = 0$. Alors le germe de $\bar{f} \, \Phi_C \, \bar{f}^{-1}$ en 0 est l'image de γ par la représentation d'holonomie</u>

André Haefliger

$$\Phi : \pi_1 (F, z_o) \longrightarrow G \quad (\text{cf. } 2.4).$$

Pour construire Φ_C, considérons une suite d'applications distinguées f_i, $i = 0, 1, \ldots, r$, définies sur des ouverts V_i et une suite croissante t_i de points sur $[0, 1]$, $t_o = 0$ et $t_r = 1$, telles que $C([t_k, t_{k+1}]) \subset V_k$. Soient T^i des sous-variétés transverses à $\widetilde{\mathcal{F}}$ contenant $C(t_i)$ et telles que $T^o = T_o$ et $T^r = T_1$. On peut supposer que $fC(t_i) = 0$ et que f_i est de la forme πh_i^{-1}, où h_i est une carte locale de $\widetilde{\mathcal{F}}$ (cf. 1.3). Pour chaque $i < r$, il existe un homéomorphisme Φ_i de classe r d'un voisinage de $C(t_i)$ dans T^i sur un voisinage de $C(t_{i+1})$ dans T^{i+1} tel que, si $z_{i+1} = \Phi_i(z_i)$, z_{i+1} soit situé dans la feuille de $V_i \cap U$ passant par z_i. Alors Φ_C est le composé de tous les homéomorphismes $\Phi_o \Phi_1 \ldots \Phi_{r-1}$.

On peut aussi construire Φ_C en construisant une application continue Ψ de $B \times I$ dans U, où B est un voisinage de z_o dans T_o, telle que $\Psi(b, 1)$ soit contenu dans la feuille passant par b, que $\Psi(z_o, t) = C(t)$, que $\Psi(b, 0) = b$ et que $\Psi(b, 1) \in T_1$. Alors Φ_C est défini par $\Phi_C(b) = \Psi(b, 1)$.

La vérification des propriétés (ii) et (iii) découle immédiatement de 2.3 et 2.4.

<u>Corollaire</u>. <u>Soit F une feuille dont le groupe d'holonomie contient un élément qui est le germe en 0 d'un homéomorphisme local h de R^p tel que, pour un point $x \neq 0$ de R^p, $h^m(x)$ soit défini pour tout entier m positif et que $h^m(x)$ ait 0 pour limite. Il existe alors une feuille, distincte de F si F est propre, dont l'adhérence contient F, et réciproquement.</u>

Le germe de h est l'image par l'holonomie Φ de F d'un élément $\gamma \in \pi_1'(F, z)$. Soit C un lacet dans F en z qui représente

André Haefliger

γ et soit T_o une sous-variété transverse au feuilletage et contenant z. L'homéomorphisme local Φ_C de T construit précédemment vérifie la meme condition que h, à savoir il existe un point y de T_C tel que $y^m = \Phi_C^m$ (t) soit défini pou tout m positif, y^m tendant vers z. Alors d'après (i), les points y^m appartiennent à une meme feuille dont l'adhérence contient z, donc F d'après 1.2.

2.6. <u>Le théorème de stabilité</u>

<u>Théorème.</u> <u>Toute feuille compacte</u> F <u>dont le groupe d'holonomie est fini possède un système fondamental de voisinages (ouverts ou compacts) qui sont réunion de feuilles compactes</u> ($\left[11\right]$, $\left[6\right]$).

Remarquons que le groupe d'holonomie de F est toujours fini si le premier groupe d'homotopie de F est fini.

<u>Démonstration.</u> Soit $\tilde{\mathcal{F}}$ le feuilletage sur $\tilde{V}$, image réciproque de $\mathcal{F}$ par $\alpha : \tilde{V} \longrightarrow V$. Bien que $\tilde{V}$ soit une variété non séparée (sauf dans le cas analytique), le feuilletage $\tilde{\mathcal{F}}$ est particulièrement simple. En effet l'aaplication β de V sur R^p associant à tout germe distingué son but, est une application distinguée globale de $\tilde{\mathcal{F}}$ (de sorte que $\tilde{\mathcal{F}}$ est simple au sens de 1.4).

La topologie des feuilles de $\tilde{\mathcal{F}}$ est la topologie $\tilde{T}$ définie dans 2.3. D'après la proposition de 2.3, chaque feuille F_o de $\tilde{\mathcal{F}}$ est un revêtement de la feuille $\alpha (F_o)$ de $\mathcal{F}$, munie de sa topologie de feuille. Si le groupe d'holonomie de F est fini, toute feuille F_o de $\tilde{\mathcal{F}}$ se projetant sur F est un revêtement à un nombre fini de feuillets de F; donc si F est compacte, F_o l'est aussi. On est donc ramené à montrer que F_o possède un système fondamental de voisinages dans $\tilde{V}$ qui sont saturés par les feuilles compactes; les images par α de ces voisinages for-

André Haefliger

meront le système fondamental cherché.

Soit Ω_o un voisinage ouvert de F_0 dans V. Soit $b_o = \beta(F_o)$. Soit W une réunion finie de compacts de $\tilde{V}$ tel que W soit un voisinage de F_c contenu dans Ω_o et que $W \cap \beta^{-1}(b_c) = F_o$. Soit W^o l'intérieur de W; le sous-ensemble $D = W - W^o$ est une réunion finie de compacts, donc $\beta(D)$ est un compact qui ne contient pas b_c. Soit U un voisinage de b_0 ne rencontrant pas $\beta(D)$ et posons

$$\Phi_o = \beta^{-1}(U) \cap W^o.$$

Φ_o est un voisinage de F_o contenu dans Ω_c. Il est saturé par des feuilles compactes de $\tilde{\mathcal{F}}$. En effet, pour tout $z \in \Phi_o$, on a $W^o \cap \beta^{-1}(b) = W \cap \beta^{-1}(b)$, où $b = \beta(z)$, puisque $b \notin \beta(W - W^o)$. Donc $W^o \cap \beta^{-1}(b)$ est un ouvert pour la topologie $\tilde{T}$ qui est aussi compact et fermé, puisqu'il est réunion de compacts et que $\tilde{T}$ est séparée; il est ainsi réunion de composantes connexes compactes de $\beta^{-1}(b)$, donc de feuilles compactes de $\tilde{\mathcal{F}}$.

Le cas différentiable. Toute feuille propre F d'un feuilletage $\mathcal{F}$ différentiable de classe $r > 0$ sur V admet un voisinage tubulaire U jouissant des propriétés suivantes: U est muni d'une projection q sur F de classe r telle que $q(x) = x$ si $x \in F$ et que chaque fibre $q^{-1}(x)$ soit une sous-variété transverse à $\mathcal{F}$. D'après le théorème de stabilité, si le groupe d'holonomie de la feuille compacte F est fini, on peut choisir U comme réunion de feuilles compactes. Nous sommes alors exactement dans la situation de l'exemple 1.8. Le théorème de stabilité peut donc s'énoncer sous une forme plus précise:

Soit F une feuille compacte à groupe d'holonomie fini d'un feuilletage différentiable. Alors F admet un système fondamental de voisinages qui sont réunions de feuilles compactes, ces feuilles étant toutes difféomor-

André Haefliger

phes à des revêtements de F et leurs groupes d'holonomie étant isomorphes à des sous-groupes du groupe d'holonomie de F.

Remarque. Il résulte des démonstrations de Reeb (cf. $\left[11\right]$, p. 121-4) que dans le cas topologique, les feuilles voisines de F ont des groupes fondamentaux qui sont isomorphes à des sous-groupes du groupe fondamental de F et ont aussi des groupes d'holonomie isomorphes à des sous-groupes du groupe d'holonomie de F.

2.7. L'holonomie caractérise le voisinage feuilleté d'une feuille.

Plaçons-nous dans la catégorie des feuilletages différentiables de classe $r > 0$ et de codimension p définis sur des variétés paracompactes. G désigne le groupe des germes à l'origine 0 des homéomorphismes de classe r de R^p laissant 0 fixe.

Théorème. a) Existence. Soit F une variété paracompacte connexe de classe r et soit Φ une représentation de $\pi_1(F, z)$ dans G. Il existe alors une variété V munie d'un feuilletage de classe r et de codimension p, possédant une feuille propre isomorphe à F et dont l'holonomie est Φ .

b) Unicité. Soient $\mathcal{F}_i (i = 1, 2)$ deux feuilletages de classe r et de codimension p sur des variétés paracompactes V_i. Supposons qu'il existe un homéomorphisme ψ de classe r d'une feuille propre F_1 de $\mathcal{F}_1$ sur une feuille propre F_2 de $\mathcal{F}_2$ de sorte que le diagramme

$$\pi_1(F_1, z_1) \xrightarrow{\ \psi_*\ } \pi_1(F_2, z_2)$$
$$\Phi_1 \searrow \quad G \quad \swarrow \Phi_2$$

soit commutatif, où Φ_i est l'holonomie de F_i, $z_2 = \psi(z_1)$. Il existe

André Haefliger

alors un homéomorphisme Ψ de classe r d'un voisinage U_1 de F_1 sur un voisinage U_2 de F_2 prolongeant ψ et qui est un isomorphisme des feuilletages induits sur U_i par $\mathcal{F}_i$.

La démonstration de ce théorème est élémentaire et consiste essentiellement à recoller convenablement des morceaux (cf. $[9]$ p. 298-301 et 303-304).

Ce théorème est vrai dans le cas différentiable. Il l'est aussi dans le cas analytique (comme conséquence du théorème de Grauert et Morrey selon lequel toute variété analytique peut être plongée analytiquement dans un R^N). En revanche, on ne sait si b) est vrai dans le cas topologique.

Des théorèmes a) et b), on peut déduire, en utilisant le lemme élémentaire suivant, le théorème de stabilité dans le cas différentiable sous sa forme la plus forte (à savoit que F possède un voisinage feuilleté determiné comme dans 1.8, par une représentation de $\pi_1 (F, x)$ dans un groupe d'homéomorphismes de classe r d'une boule B, la correspondance associant à un élément de H son germe en 0 étant bijective).

Lemme. Soit H_0 un sous-groupe fini du groupe des germes d'homéomorphismes d'un espace topologique V au point z. Il existe alors un voisinage arbitrairement petit W de z et un groupe H d'homéomorphismes de W tel que la correspondance associant à tout élément de H son germe en z soit un isomorphisme de H sur H_c.

2.8. L'holonomie infinitésimale. Soit G_r le groupe des jets d'ordre r à l'origine des homéomorphismes de classe r de R^p laissant fixe 0; le groupe G_r est le quotient de G par le sous-groupe formé des éléments de G qui sont tangents à l'identité en 0 à l'ordre r.

Si $\mathcal{F}$ est un feuilletage d'ordre $r' \geqslant r > 0$, l'holonomie infini-

André Haefliger

tésimale d'ordre r d'une feuille F est le composé $\phi_r : \pi_1(F, z) \to G_r$ de l'holonomie ϕ avec l'homomorphisme naturel de G sur G_r. Le groupe d'holonomie infinitésimal d'ordre r de F est l'image de ϕ_r.

La considération de ce groupe permet de décider dans certains cas particuliers si le groupe d'holonomie est fini, ce qui permet alors d'appliquer le théorème de stabilité (cf. G. Reeb, Remarques sur les structures feuilletées, Bull. Soc. Math. France, 87 (1959), p. 445-450).

Le théorème suivant est dû à C. Ehresmann.

Théorème. Soit F une sous-variété fermée de classe $r > o$ d'une variété V de classe r. Pour que F admette un voisinage muni d'un feuilletage de classe r dont F est une feuille, il faut et il suffit que le fibré normal de F dans V admette un groupe structural discret.

Démonstration. La condition est nécessaire. Soit f_i ($i \in I$) une famille d'applications distinguées telles que les $f_i^{-1}(0) = U_i^o$ forment un recouvrement de F. Soit E^p l'espace des vectures tangents à R^p en 0. La différentielle de chaque f_i définit une application fibrée f_i^{ν} de l'espace fibré des vecteurs normaux à F, restreint à U_i^o, sur E^p. D'après la condition liant les applications distinguées, en $z \in U_i^c \cap U_j^o$, on passe de f_i^{ν} à f_j^{ν} en composant f_i^{ν} avec un automorphisme linéaire de E^p qui est une fonction localement constante de z. Donc les applications f_i^{ν} définissent sur le fibré des vecteurs normaux à F une structure d'espace fibré à groupe structural discret qui est justement celle qui est donnée par l'holonomie infinitésimale $\phi_1 : \pi_1(F, z) \to G_1$ d'ordre 1 de F.

La condition est suffisante. Si le fibré normal N de F admet une restriction de son groupe structural à un groupe discret determinée par un homomorphisme $\phi_1 : \pi_1(F, z) \to G_1$, on peut appliquer la construction de 1.8. On obtient ainsi sur N un feuilletage dont F, identifié

André Haefliger

avec la section nulle, est une feuille. On peut identifier un voisinage de F dans N avec un voisinage de F dans V et obtenir ainsi un feuilletage au voisinage de F tel que l'holonomie infinitésimale d'ordre 1 de F soit donnée par ϕ_1.

Par exemple, une droite projective complexe d dans le plan projectif complexe ne peut être une feuille d'un feuilletage différentiable défini au voisinage de d.

3. <u>Feuilletages topologiques et différentiables de codimension 1.</u>

Dans tout ce paragraphe, V désigne une variété à base dénombrable dont le premier nombre de Betti rationnel est fini. D'après 1.3, toute feuille fermée est propre.

3.1. <u>Proposition. Soit</u> $\widetilde{\mathcal{F}}$ <u>un feuilletage topologique sur</u> V <u>de codimension 1 et orientable. Par tout point</u> z <u>de</u> V <u>passe une courbe transversale à</u> $\mathcal{F}$ <u>coupant chaque feuille fermée en un point au plus.</u>

La démonstration s'appuye sur deux lemmes ($[7]$).

<u>Lemme 1.</u> <u>Le premier nombre de Betti rationnel de</u> V <u>connexe étant</u> <u>égal à</u> p, <u>il existe</u> m <u>feuilles fermées</u> $F_1, \ldots, F_m$, <u>où</u> $0 \leqslant m \leqslant p$, <u>telles que le complémentaire</u> V_m <u>de</u> $\bigcup_{i=1}^{m} F_i$ <u>soit connexe et que, si</u> F_{m+1} <u>est une autre feuille fermée, le complémentaire</u> V_{m+1} <u>de</u> $\bigcup_{i=1}^{m+1} F_i$ <u>ait deux composantes connexes.</u>

<u>Démonstration.</u> Soient $F_1, \ldots, F_q$, q feuilles distinctes telles que le complémentaire V_q de la réunion $\mathcal{F}^q$ des F_i, $0 \leqslant i \leqslant q$, soit connexe. La suite exacte de cohomologie à supports compacts de V relativement au sous-espace fermé $\mathcal{F}^q$ donne:

$$H^{n-1}(V) \xrightarrow{\ i\ } H^{n-1}(\mathcal{F}^q) \xrightarrow{\ \delta\ } H^n(V_q) \xrightarrow{\ \propto\ } H^n(V) \longrightarrow H^n(\mathcal{F}^q),$$

André Haefliger

les coefficients étant les systèmes locaux d'entiers tordus par les orientations de V, V_q et $\underline{\Phi}^q$.

Par la dualité de Poincaré, $H^n(V^q)$ et $H^n(V)$ sont isomorphes respectivement à $H_0(V^q)$ et $H_0(V)$, à coefficients entiers c'est à dire à Z. Les groupes $H^{n-1}(V)$ et $H^{n-1}(\underline{\Phi}^q)$ sont isomorphes à $H_1(V)$ et à $H_0(\underline{\Phi}^q)$ resp.; ils sont donc de rang p et q resp. Comme α est un isomorphisme, i est surjectif, donc $q \leq p$. Il existe donc un entier $m \leq p$ et m feuilles $F_1, \ldots, F_m$ vérifiant l'énoncé du lemme.

Lemme 2. Si le sous-espace complémentaire à toute feuille fermée a deux composantes connexes, une transversale ne peut couper une feuille fermée en plus d'un point.

<u>Démonstration.</u> Remarquons tout d'abord que toute feuille fermée F est alors bilatère et que si une transversale T coupe F en z, les points de T situés de part et d'autre de z et assez proches de z, sont situés dans des composantes connexes distinctes du complémentaire de F. Si T recoupait F ailleurs, il existerait un point $z_1 \in F \cap T$ tel que le segment $T(z, z_1)$ d'extrêmités z et z_1 sur T, ne rencontre pas F en dehors de z et z_1. Tout point z_2 de T proche de z_1 et non situé sur $T(z, z_1)$ est situé dans une autre composante connexe du complémentaire de F qu'un point z_c situé à l'intérieur de $T(z, z_1)$. Or comme F est bilatère, toute feuille coupant $T(z, z_1)$ en un point z_c assez proche de z, va recouper T en un point z_2 situé en dehors de $T(z, z_1)$ et proche de z_1, ce qui contredit le fait que z_c et z_1 sont dans des composantes connexes distinctes.

<u>Démonstration de la proposition.</u> Soient $F_1, \ldots, F_m$ des feuilles fermées vérifiant l'énoncé du lemme 1. D'après le lemme 2, la condition du théo-

André Haefliger

rème est vérifiée en tout point du complémentaire des F_i. Soit maintenant T une courbe transversale coupant F_i en z seulement et ne coupant pas les autres F_j, $j \neq i$. Si T coupe une autre feuille fermée F en deux points z_0 et z_1, d'après le lemme 2, ces points sont situés de part et d'autre de z sur T et T ne peut recouper F ailleurs. Le complémentaire de F dans V_m (= complémentaire dans V des F_i) a deux composantes connexes V_m^+ et V_m^- et le feuilletage $\mathcal{F}$ est transversalement orientable. Donc deux points situés à l'intérieur T_0 du segment $T(z, z_1)$ et situés de part et d'autre de z sont contenus dans des composantes connexes V_m^+ et V_m^- distinctes. Donc T_0 ne peut rencontrer une feuille en plus de deux points et vérifie ainsi la condition du théorème.

3.2. <u>L'ensemble des feuilles fermées.</u>

<u>Théorème.</u> <u>Dans un feuilletage de codimension 1 sur V, l'adhérence d'une réunion de feuilles fermées est aussi une réunion de feuilles fermées.</u>

Il suffit de le démontrer dans le cas où le feuilletage est orientable, sinon l'on passerait à un revêtement à deux feuillets de V (cf. 1.4). Soit F une feuille adhérente à la réunion des feuilles fermées. Pour montrer que F est fermée, il suffit de montrer que, par tout $z \in V$, passe une transversale coupant F en un seul point; par le théorème 3.1, nous savons déjà que, par z, passe une transversale coupant toute feuille fermée en un point au plus; si cette transversale coupait F en deux points, elle couperait également une feuille fermée suffisamment proche de F en deux points, ce qui contredit notre hypothèse.

Voici encore une conséquence de 3.2.

<u>Théorème.</u> <u>Soit V une variété compacte connexe munie d'une structure feuilletée de codimension 1 et transversalement analytique</u> (cf. 1.1).

André Haefliger

<u>Alors, ou toutes les feuilles sont compactes, ou il existe au plus un nombre fini de feuilles compactes</u> ([9]).

D'après 3.2, l'ensemble de toutes les feuilles compactes est un compact K; les feuilles compactes dont le groupe d'holonomie est fini est un ouvert d'après le théorème de stabilité. C'est aussi un fermé, car les feuilles compactes dont le groupe d'holonomie est infini sont isolées dans K (cf. lemme 2, p. 328 de [9] ; c'est ici que l'analyticité intervient).

Donc si une feuille compacte a son groupe d'holonomie fini, il en est de même de toutes les feuilles. Dans le cas contraire, il existe au plus un nombre fini de feuilles compactes.

3.3. <u>Cas où toutes les feuilles sont fermées.</u>

<u>Théorème</u>. <u>Soit</u> $\mathcal{F}$ <u>un feuilletage de codimension 1 qui est orientable et dont toutes les feuilles sont fermées. Alors l'espace des feuilles est une variété de dimension 1, en général non separée, et orientable.</u>

D'après 3.1, par tout point de V passe une transversale coupant chaque feuille en un point au plus. Cela signifie que l'espace des feuilles est localement homéomorphe à une variété de dimension 1 .

Lorsque $\mathcal{F}$ est non orientable, alors l'espace des feuilles est une variété de dimension 1 avec un nombre fini de bords.

Lorsque toutes les feuilles sont compactes, alors l'espace des feuilles est une variété <u>séparée</u> de dimension 1 ; en effet toute feuille a un groupe d'holonomie fini (cf. corollaire 2.5); d'après le théorème de stabilité, deux feuilles distinctes possèdent des voisinages sans point commun qui sont réunion de feuilles. Si $\mathcal{F}$ est orientable, alors l'espace des feuilles est homéomorphe à un cercle ou à une droite suivant que V est compact ou non.

Si de plus $\mathcal{F}$ est de classe $r > 0$, les feuilles sont les fibres

André Haefliger

d'une fibration de classe r de V (cf. 2.6). Si $\widetilde{\mathcal{F}}$ est non orientable, l'espace des feuilles est homéomorphe à un segment fermé ou semi-fermé suivant que V est compact ou non.

3.4. <u>Existence d'une intégrale première.</u> Soit $\widetilde{\mathcal{F}}$ un feuilletage de co-dimension 1 et de classe r sur une variété V. Une intégrale première f de classe $r' \leq r$ de $\widetilde{\mathcal{F}}$ est une application distinguée globale du feuilletage de classe r' sous-jacent à $\widetilde{\mathcal{F}}$. Autrement dit, f est une application de classe r' de V dans R, constante sur les feuilles de $\widetilde{\mathcal{F}}$, et telle que sa restriction à toute courbe transversale de classe r est un homéomorphisme de classe r' dans R.

L'esistence d'une intégrale première f implique que l'espace des feuilles V_0 de $\widetilde{\mathcal{F}}$ est une variété, en général non séparée, de dimension 1 et orientable (en particulier que toutes les feuilles sont fermées); de plus il existe une application f_0 de V_0 dans R définie par la condition $f_0 \pi = f$, où π est la projection naturelle de V sur V_0 ; f_0 est loca-lement un homéomorphisme de classe r' de V_0 dans R.

$$
\begin{array}{ccc}
V & \xrightarrow{\;f\;} & \\
\pi \downarrow & \searrow{\scriptstyle f_0} & \\
V_0 & \dashrightarrow & R
\end{array}
$$

Réciproquement, si l'espace des feuilles est une variété V_0 de dimension 1 et si f_0 est une fonction sur V_0 qui est localement un homéo-morphisme de classe r', alors $f = f_0 \cdot \pi$ est une intégrale première de classe r'.

Le problème de la construction de f est donc ramené à celui de la construction de f_0.

<u>Théorème.</u> <u>Soit V une variété (à base dénombrable) et dont le premier</u>

André Haefliger

nombre de Betti rationnel est nul. Soit $\widetilde{\mathcal{F}}$ un feuilletage de codimension 1 sur V, orientable, de classe $r < \omega$ et dont toutes les feuilles sont fermées. Alors $\widetilde{\mathcal{F}}$ admet une intégrale première continue. La structure feuilletée induite sur un ouvert relativement compact V' admet une intégrale première de classe r.

Dans cet énoncé, $r \neq \omega$ (voir remarque de 4.4). Ce théorème est une généralisation d'un théorème de Kamke ($\left[8\right]$ et $\left[7\right]$).

D'après 3.3, l'espace des feuilles est une variété V_0 non séparée de dimension 1 et à base dénombrable; de plus (cf. 3.1, lemme 1), le complémentaire de tout point de V_0 a deux composantes connexes. Il en résulte (cf. $\left[8\right]$, p. 113-114) qu'il existe une application f_0 de V_0 dans R qui est localement un homéomorphisme.

Si $\widetilde{\mathcal{F}}$ est de classe $r > 0$, il n'existe en général pas d'intégrale première globale de classe r, comme le montrent déjà les structures feuilletées les plus simples du plan (cf. $\left[8\right]$). Ceci provient du fait que V_0 ne vérifie pas en général la condition suivante.

Disons qu'une varété V_0 de dimension 1, non séparée, est munie d'une structure différentiable de classe r régulière, si pour toute fonction f de classe r définie sur un voisinage de $x \in V_0$, il existe une fonction f' de classe r définie sur V_0 telle que f et f' coincident sur un voisinage de x.

Dans $\left[8\right]$, p. 117-8, il est démontré que si une variété V_0 vérifie la condition précédente, le complémentaire de tout point de V_0 ayant deux composantes connexes, alors il existe une fonction f_0 de V_0 dans R qui est localement un homéomorphisme de classe r. Le théorème sera donc une conséquence du lemme suivant.

André Haefliger

__Lemme.__ Si l'espace des feuilles V_0 d'un feuilletage $\mathcal{F}$ de classe r et de codimension 1 sur V est une variété (éventuellement non séparée), alors l'espace des feuilles V_0' de la structure feuilletée $\mathcal{F}'$ induite sur un ouvert relativement compact V' de V est une variété munie d'une structure différentiable de classe r régulière.

Soient π et π' les projections naturelles de V et V' sur V_0 et V_0' respectivement. L'injection i de V' dans V induit par passage aux quotients une application ψ de V_0' dans V_0 telle que $\pi i = \psi \pi'$ et qui est localement un homéomorphisme de classe r.

Soit x' un point de V_0' et soit U un voisinage ouvert separé de $x = \psi(x')$; soit F la feuille $\pi^{-1}(x)$. On peut construire dans $\pi^{-1}(U)$ un voisinage compact K de l'intersection de F avec l'adhérence $\overline{V}'$ de V'. L'image par π de l'intersection de la frontière ∂K de K avec $\overline{V}'$ est un compact contenu dans U et ne contenant pas x. Soit donc L un voisinage compact, homéomorphe à un intervalle, de x contenu dans $\pi(K)$ et ne rencontrant pas $\pi(\partial K \cap \overline{V}')$. Alors $W = \pi^{-1}(L) \cap K \cap V'$ est un sous-ensemble fermé de V' qui est réunion de feuilles de $\mathcal{F}'$. En effet, pour tout $y \in L$, $\pi^{-1}(y) \cap K \cap V'$ est à la fois ouvert et fermé dans $\pi^{-1}(y) \cap V'$.

Soit f une fonction de classe r définie au voisinage de x'; on peut construire une fonction g de classe r sur L, s'annulant au voisinage du bord de L, et telle que $g\psi$ soit égale à f au voisinage de x'. Alors la fonction sur V' égale à 0 en dehors de W et à $g\pi$ sur W est de classe r; comme elle est constante sur les feuilles de $\mathcal{F}'$, elle définit par passage au quotient une fonction f' de classe r sur V_0' qui coïncide avec f au voisinage de x'.

André Haefliger

3.5. <u>Le théorème de stabilité globale de Reeb.</u> Nous ne saurions terminer ce paragraphe sans citer l'une des plus remarquables propriétés des feuilletages de codimension 1 démontrée par Reeb ($\left[11\right]$, p. 134-140).

<u>Théorème.</u> <u>Soit V une variété compacte connexe munie d'un feuilletage de codimension 1. Si une feuille est compacte et a un groupe fondamental fini, alors toutes les feuilles sont compactes et ont un groupe fondamental fini.</u>

On peut se reporter à 3.3 pour des conséquences plus précises. L'exemple 1.10 montre que le théorème n'est plus vrai en codimension supérieur à 1.

Nous nous bornerons à esquisser une démonstration dans le cas différentiable.

D'après le théorème de stabilité 2.6, les feuilles compactes à groupe fondamental fini forment un ouvert U dans V. Comme V est connexe, il suffit de montrer qu'un composante connexe U_0 de U est aussi fermée. Toute feuille F adhérente à U_0 est aussi compacte d'après 3.2 (pour un raisonnement plus direct, cf. Reeb $\left[11\right]$, p. 136). Il suffira donc de vérifier que son groupe fondamental est aussi fini.

Sans nuir à la généralité, nous pouvons supposer le feuilletage orientable (cf. 1.4). Soit W un voisinage tubulaire de F muni de sa projection $q : W \longrightarrow F$ et assez petit pour que les fibres soient transverses aux feuilles (cf. 2.6). Toute feuille de U_c assez proche de F sera contenue dans W et coupera chaque fibre de W en un seul point; elle sera donc difféomorphe à F. Donc le groupe fondamental de F sera aussi fini.

Voici une application intéressante de ce théorème due également à Reeb (non publié).

André Haefliger

Théorème. _Soit_ V _une variété simplement connexe compacte possédant un bord non vide connexe et simplement connexe. Il ne peut exister sur_ V _un feuilletage de codimension 1 dont le bord de_ V _est une feuille._

S'il existait un tel feuilletage, toutes les feuilles seraient compactes et simplement connexes. L'espace des feuilles serait une variété de dimension 1 compacte ayant un bord réduit à un point (correspondant au bord de V), ce qui est impossible.

Par exemple, la variété $V = S^p \times D^{n-p}$, produit d'une sphère de dimension p par un disque de dimension $n-p$, est simplement connexe ainsi que son bord pour $p > 1$ et $n-p-1 > 1$. Bien qu'il n'existe pas de feuilletage de codimension 1 sur V dont le bord est une feuille, le champ des $(n-1)$-plans tangents au bord peut se prolonger à l'intérieur de V si la caractéristique d'Euler de V est zéro, donc si p est impair.

Pour d'autres applications du théorème de stabilité globale, voir Reeb $\left[11\right]$, p. 147.

4. **Feuilletage analytique de codimension 1.**

4.1. Soit V une variété munie d'un feuilletage analytique $\widetilde{\mathcal{F}}$ de codimension 1. Une courbe transversale à $\mathcal{F}$ fermée est une application continue γ du cercle S^1 dans V telle que, pour toute application distinguée f_i de $\mathcal{F}$, l'application $f_i\gamma$ soit localement un homéomorphisme de S^1 dans R.

Lemme fondamental. _Une courbe transversale fermée à un feuilletage analytique de codimension 1 sur_ V _représente un élément d'ordre infini du groupe fondamental de_ V.

Remarquons qu'une courbe transversale fermée prourrait être homologue à zéro.

André Haefliger

Ce lemme découle immédiatement de la propriété suivante des feuilletages différentiables.

4.2. <u>Proposition.</u> <u>Soit</u> $\widetilde{\mathcal{F}}$ <u>un feuilletage de codimension 1 et de classe 2 sur une variété V. Supposons qu'il existe une transversale à</u> $\widetilde{\mathcal{F}}$ <u>fermée et homotope à une application constante. Il existe alors un lacet sur une feuille F telle que le germe d'homéomorphisme de R en 0 qui lui correspond par l'holonomie de F n'est pas celui de l'application identique, mais qui est le germe d'un homéomorphisme qui est l'identité sur</u> $]-\infty,\ 0]$ <u>ou sur</u> $[0,\ \infty[$.

<u>Démonstration.</u> La transversale fermée est une application $\widetilde{\tau}$ de S^1 dans V que l'on peut supposer différentiable de classe 2 et telle que, pour chaque application distinguée f_i, l'application $f_i \tau$ soit localement un homéomorphisme de classe 2 de S^1 dans R. Comme $\widetilde{\tau}$ est homotope à une application constante, il est possible de l'étendre suivant une application $\varphi : D \to V$ de classe 2 du disque D bordé par S^1 dans le plan.

En appliquant un théorème de Morse bien connu (cf. $[9]$, p. 316-17), il est possible de choisir φ de sorte que, pour toute application distinguée f_i, $f_i \varphi$ soit une fonction numérique non dégénérée; cela signifie qu'en chacun de ses points singuliers (points où les dérivées partielles premières s'annulent), la matrice des dérivées partielles secondes est non singulière. On a donc sur D un nombre fini de points singuliers pour les applications $f_i \varphi$ qui sont soit du type maximum ou minimum, soit du type point selle. On peut supposer de plus (cf. $[9]$, p. 318) que les images par φ de deux points singuliers distincts ne sont pas situés sur une même feuille dans un voisinage de $\varphi(D)$.

On peut remarquer que les applications $f_i \varphi$ sont des applications distinguées d'une Γ-structure feuilletée sur D, où Γ' est le pseudo-

André Haefliger

groupe des homéomorphismes locaux analytiques de R (cf. 1.2). Les feuilles de cette structure sont des courbes (pouvant contenir un point singulier) qui sont les composantes connexes des intersections de D avec les feuilles de $\widetilde{\mathcal{F}}$. Nous allons les considérer comme trajectoires (ou réunion de trajectoires si elles contiennent un point singulier) d'un champ de vecteurs sur D.

On peut construire en effet un champ de vecteurs X sur D de classe 1, qui ne s'annule qu'aux points singuliers des applications distinguées $\varphi_i = f_i \varphi$, la différentielle de chaque φ_i appliquant X sur le champ nul de R. Ceci est possible car la structure feuilletée sur D est orientable (en effet, en tout point on a exactement deux germes d'orientation transverse, et D est simplement connexe). Nous pourrons donc utiliser les résultats de la théorie classique des courbes définies par des équations différentielles. Dans la terminologie de Poincaré $\begin{bmatrix}10\end{bmatrix}$, les points singuliers x_i que présente le champ X sont des centres (si une application distinguée présente en x_i un maximum ou un minimum) ou des cols (point selle); il y a au plus 4 trajectoires qui aboutissent à un col; de plus, deux cols distincts ne sont pas reliés par une trajectoire. On n'a pas de foyers ou de noeuds. Le cercle S^1 est un cycle sans contact, c'est à dire une courbe fermée transverse aux trajectoires.

Soit L l'ensemble des cycles limites de X sur D. Plus précisément, un élément de L est une courbe fermée ℓ dans D qui est, ou bien une trajectoire fermée de X, ou bien la réunion d'une trajectoire de X et d'un point selle si cette trajectoire est issue et aboutit à ce point; de plus l'image par φ de ℓ doit être un lacet situé sur une feuille F tel que l'élément du groupe d'holonomie qui lui correspnd soit non trivial.

Remarquons tout d'abord que L n'est pas vide. En effet, il n'y a

André Haefliger

qu'un nombre fini de trajectoires qui aboutissent à un point singulier (point selle); en général donc, d'après le théorème de Poincaré-Bendixon (cf. $[2]$), une trajectoire qui coupe le bord de D a pour ensemble limite soit une trajectoire fermée C qui est un cycle limite, soit un polycycle limite qui est la réunion $C_1 \cup C_2$ d'un point selle et de deux trajectoires issues de ce point et y aboutissant. L'élément du groupe d'holonomie correspondant à $\varphi(C)$ ou au lacet obtenu en parcourant $\varphi(C_1)$ et ensuite $\varphi(C_2)$ n'est pas trivial (cf. 2.5); donc au moins l'un de ceux qui correspond aux lacets $\varphi(C_1)$ ou $\varphi(C_2)$ est non trivial.

L'ensemble L est partiellement ordonné: si ℓ_1, $\ell_2 \in L$, ℓ_2 est inférieur à ℓ_1 si ℓ_2 est situé à l'intérieur du domaine limité par ℓ_1. De plus cet ensemble ordonné est inductif. Soit en effet L_0 un sous-ensemble infini de L totalement ordonné. Les éléments de L_0 ont pour limite soit une trajectoire fermé C, soit la réunion $C_1 \cup C_2$ de deux trajectoires et d'un point selle d'où elles sont issues et où elles aboutissent. L'élément du groupe d'holonomie correspondant à $\varphi(C)$ est non trivial, puisque c'est le germe en 0 d'un homéomorphisme local de R qui n'est pas l'identité au voisinage d'une suite de points tendant vers 0 (ces points correspondent aux cycles limites qui tendent vers C, cf. 2.5). Le même raisonnement montre que l'élément du groupe d'holonomie correspondant au lacet obtenu en parcourant $\varphi(C_1)$ puis $\varphi(C_2)$ n'est pas trivial; il en est donc de même pour l'élément correspondant à l'un des lacets $\varphi(C_1)$ ou $\varphi(C_2)$.

Soit donc ℓ un élément minimal de L (un tel élément existe d'après le théorème de Zorn). Toutes les trajectoires situées à l'intérieur du domaine D_ℓ limité par ℓ sont fermées; si ce n'était pas le cas, le théorème de Poincaré-Bendixon impliquerait comme tout à l'heure l'esistence d'un cycle limite dans D_ℓ, ce qui contredirait le fait que ℓ est minimal.

L'élément du groupe d'holonomie correspondant à $\varphi(\ell)$ est donc le germe en 0 d'un homéomorphisme local de R qui est l'identité sur l'une des demi-droites $]-\infty, 0]$ ou $[0, \infty[$ (cf. 2.5).

4.3. <u>Non existence de feuilletage analytique.</u>

<u>Théorème.</u> <u>Une variété analytique compacte dont le premier groupe d'homotopie ne contient que des éléments d'ordre fini ne peut être munie d'un feuilletage analytique de codimension 1.</u>

Pour tout feuilletage de codimension 1 sur une variété compacte V, il existe une transversale fermée (pour plus de détails, cf. $[9]$ p. 324, corollaire). D'après le lemme 4.1, cette transversale représente un élément d'ordre infini de $\pi_1(V)$.

Pour d'autres conséquences du lemme fondamental (existence d'une feuille compacte,...), cf. $[9]$, p. 324, propos. 2 et p. 326-7, théorème 3.

4.4. <u>Existence d'une intégrale première globale.</u>

<u>Théorème.</u> <u>Soit V une variété analytique à base dénombrable dont le premier groupe d'homotopie ne contient que des éléments d'ordre fini. Si $\mathcal{F}$ est un feuilletage analytique de codimension 1 sur V, toute feuille est fermée. Si $\mathcal{F}$ est orientable, $\mathcal{F}$ admet une intégrale première globale continue; la restriction de $\mathcal{F}$ à un ouvert relativement compact admet une intégrale première de classe ∞.</u>

Pour montrer que toute feuille est fermée, on peut supposer que $\mathcal{F}$ est orientable en passant au besoin à un revêtement à deux feuillets de V. Or pour tout feuilletage orientable et de codimension 1 sur V, l'existence d'une courbe transversale rencontrant une feuille en deux points entraîne l'existence d'une transversale fermée (pour plus de détails, cf. $[9]$ p. 322, dernier §).

André Haefliger

D'après le lemme fondamental, une courbe transversale ne peut donc rencontrer une feuille en plus d'un point, puisque $\pi_1(V)$ n'a que des éléments d'ordre fini. On peut donc appliquer les considérations de 3.4.

<u>Remarque.</u> En général, il n'existe pas d'intégrale première analytique. Il est facile de construire un exemple de feuilletage de R^n tel que l'espace V_c des feuilles du feuilletage induit sur une boule soit une variété obtenue de la manière suivante: on prend deux droites et on les recolle le long de leur partie négative à l'aide de l'homéomorphisme $h(t) = t - t^2$, $t < 0$. Il n'existe aucune fonction analytique globale sur V_α dont la derivée soit partout $\neq 0$.

4.5. <u>Feuilletage analytique avec singularités.</u> Soit V une variété analytique réelle. Un feuilletage analytique $\mathcal{F}$ de codimension 1 sur V, avec singularités, est défini comme précédemment par un ensemble maximal de fonctions analytiques f_i (les applications distinguées de $\mathcal{F}$) définies sur des ouverts U_i formant un recouvrement de V et vérifiant la condition: pour tout $x \in U_i \cap U_j$, il existe un homéomorphisme analytique local h_{ji}^x de R tel que $f_j = h_{ji}^x f_i$ aux voisinage de x. On ne suppose plus cette fois que les applications f_i sont de rang 1.

La proposition suivante permet d'étendre aux feuilletages analytiques de codimension 1 avec singularités la plupart des propriétés des structures non singulières.

<u>Proposition.</u> <u>Soit $\mathcal{F}$ un feuilletage analitique de codimension 1 avec singularités sur une variété paracompacte V. Il existe alors une variété analytique V' paracompacte, munie d'un feuilletage analytique $\mathcal{F}'$ de codimension 1 sans singularité, et un plongement analytique φ de V dans V' qui est une homotopie équivalence et tel que $\mathcal{F}$ soit l'image réciproque de $\mathcal{F}'$ par φ.</u>

André Haefliger

Ceci signifie que les applications obtenues en composant φ avec les applications distinguées de $\mathcal{F}'$ sont des applications distinguées de $\mathcal{F}$. Cette proposition est un cas particulier de la proposition 1, p. 314 de [9].

<u>Démonstration.</u> Si h est un homéomorphisme analytique d'un ouvert connexe U de R sur un ouvert de R, on désignera par $\bar{h}$ l'homéomorphisme (unique) qui peut etre défini sur le plus grand intervalle contenant U et qui coincide avec h sur U.

Si V est connexe et si une application distinguée est constante, alors toutes le sont; on peut prendre pour V' le produit de V par R. Supposons donc les applications distinguées non constantes.

Soit $(f_i)_{i \in I}$ une famille d'applications distinguées définies sur des ouverts U_i formant un recouvrement de V. Dans la réunion disjointe E des $U_i \times R$, $i \in I$, la relation $(x_i, t_i) \sim (x_j, t_j)$ si et seulement si $x_i = x_j = x$ et $t_j = \bar{h}_{ji}^x t_i$, est une relation d'équivalence. Elle est en effet réflexive et symétrique car $\bar{h}_{ii}^x = $ identité de R et $\bar{h}_{ij}^x = (\bar{h}_{ji}^x)^{-1}$. Elle est aussi transitive; on a en effet $\bar{h}_{ki}^x f_i(x) = \bar{h}_{ki}^x \bar{h}_{ji}^x f_i(x)$, et la source de $\bar{h}_{kj}^x \bar{h}_{ji}^x$ est connexe comme intersection de deux intervalles; ainsi cet homéomorphisme est une restriction de $\bar{h}_{ki}^x$.

Soit donc V'' l'espace quotient de E par cette relation d'équivalence. La projection canonique g_i de $U_i \times R$ dans V'' est un homéomorphisme sur un ouvert et les applications $g_j^{-1} g_i$ sont analytiques, car $g_j^{-1} g_i(x, t) = (x, \bar{h}_{ji}^x(t))$ et h_{ji}^x ne dépend que de la composante connexe de $U_i \cap U_j$ contenant x. Donc V'' est muni d'une structure de variété analytique réelle, mais V'' n'est pas séparée. Les applications $f_i'' = $ composé de g_i^{-1} avec la projection naturelle de $U_i \times R$ sur R, sont les applications distinguées d'un feuilletage analytique $\tilde{\mathcal{F}}''$ de codimension 1 sans singularité sur V''.

André Haefliger

Les graphes $(x, f_i(x))$ des applications distinguées f_i de $\mathcal{F}$ donnent un plongement ψ de V dans V'' défini par $\psi(x) = g_i(x, f_i(x))$, si $x \in U_i$. Remarquons que $\psi f_i = f_i''$, donc $\mathcal{F}$ est l'image réciproque de $\mathcal{F}''$ par ψ.

Enfin on peut construire (pour plus de détails, voir remarque p. 315 de $[9]$) un voisinage V' ouvert séparé de $\psi(V)$ dans V'' qui puisse se rétracter par déformation sur $\psi(V)$; $\mathcal{F}'$ sera alors les feuilletage induit par $\mathcal{F}''$ sur V'.

Corollaire : <u>Le lemme fondamental 4. 1 ainsi que le théorème 4. 4 sont aussi valables pour les feuilletages analytiques de codimension 1 avec singularités.</u>

Le théorème 4. 3 implique que tout feuilletage analytique de codimension 1 sur une variété V dont le premier groupe d'homotopie est fini admet des singularités. Remarquons qu'il existe toujours de tel feuilletage, par exemple celui qui est déterminé par une seule application distinguée, qui serait une fonction analytique non constante sur V .

4. 6. <u>Application aux formes de Pfaff analytiques complètement intégrables.</u>
Sur une variété analytique V, soit α une forme de Pfaff (1-forme) analytique et complètement intégrable, c'est-à-dire telle que $d\alpha \wedge \alpha = 0$. Dans un ouvert U de V , une <u>intégrale première de classe</u> $r > 0$ de α est une fonction f de classe r dans U telle que $df = g\alpha$, où g est une fonction de classe r différente de zéro dans U (appelée un <u>facteur intégrant de classe</u> r).

Au voisinage d'un point x qui n'est pas un point singulier de α (c'est-à-dire un point où α ne s'annule pas), il existe toujours une intégrale première analytique; de plus, si f et f' sont deux intégrales premières analytiques définies au voisinage de x , elles sont liées par une relation analytique inversible : il existe une fonction analytique h sur un ouvert U de R dont la dérivée est partout $\neq 0$, c'est-à-dire un homéo-

André Haefliger

morphisme analytique h, telle que f' = hf au voisinage de x.

D'une manière générale, nous dirons qu'une <u>famille d'intégrales pre-</u><u>mières</u> f_i de α , définies sur des ouverts U_i, forment un <u>système</u> <u>cohérent</u>, si les U_i forment un recouvrement de V et si, pour tout $x \in U_i \cap U_j$, il existe un homéomorphisme local analytique h_{ji}^x de R tel que $f_j = h_{ji}^x f_i$ au voisinage de x. Autrement dit, les intégrales pre-mières f_i sont les applications distinguées d'un feuilletage analytique de codimension 1 sur V (avec singularités, en général). On remarquera que $\mathcal{F}$ est orientable.

Réciproquement, les applications distinguées f_i d'un feuilletage analytique $\mathcal{F}$ de codimension 1 orienté forment un système cohérent d'integrales premières d'une 1-forme α . En effet, si $f_j = h_{ji}^x f_i$, soit g_{ji} la dérivée de h_{ji}^x par rapport au paramètre naturel de R et prise au point $f_i(x)$; c'est une fonction analytique strictement positive dé-finie sur $U_i \cap U_j$. Comme $g_{ki} = g_{kj} g_{ji}$ sur $U_i \cap U_j \cap U_k$, $\{g_{ji}\}$ est un 1-cocycle qui détermine un élément de $H^1(V, \mathcal{O}^+)$, où $\mathcal{O}^+$ est le faisceau des germes de fonctions analytiques positives sur V. Or $H^1(V, \mathcal{O}^+)$ est toujours nul (cf. H. Cartan, Bull. Soc. Math. France, 85 (1957), p. 77-99). Il existe donc des fonctions analytiques stric-tement positives g_i définies sur un recouvrement U_i' plus fin que U_i telles que $g_{ji} = g_j/g_i$ sur $U_i' \cap U_j'$. Alors la 1-forme α sera éga-le à df_i/g_i sur U_i' .

En résumé, il y a correspondance biunivoque entre feuilletage analy-tique transversalement orientable de codimension 1 et système cohérent (maximal) d'intégrales premières des formes de Pfaff.

D'après ce que nous avons rappelé tout à l'heure, une forme de Pfaff α complètement intégrable et sans point singulier admet un sy-

André Haefliger

stème cohérent (et un seul maximal) d'intégrales premières analytiques.
G. Reeb a montré ([11], p. 148-154) qu'il en était de même si dim $V > 2$
et si la forme α complètement intégrable ne présente que des points singuliers où le déterminant des dérivées partielles premières des coefficients
de α est $\neq 0$.

D'après 4.5, une forme de Pfaff α sur V admet un système
cohérent d'intégrales premières analytiques si et seulement s'il existe un
plongement analytique φ de V dans une variété analytique V' et une
forme de Pfaff α' analytique sur V' complètement intégrable et sans
point singulier telle que $\alpha = \varphi^* \alpha'$.

4.4 donne le

Théorème. Soit V une variété analytique réelle connexe dont le premier
groupe d'homotopie n'admet que des éléments d'ordre fini. Une forme de
Pfaff sur V qui admet un système cohérent d'intégrales premières analytiques, admet une intégrale première indéfiniment différentiable sur tout
ouvert relativement compact de V.

En utilisant la remarque de 4.4, on peut construire une forme de
Pfaff sur la sphère S^2 avec 4 points singuliers, qui admet un système
cohérent d'intégrales premières analytiques, mais qui n'admet pas d'intégrale première analytique globale.

André Haefliger

R é f é r e n c e s

1 C. Chevalley, Theory of Lie groups. Princeton Univ. Press, 1946.

2 E. Coddington and N. Levinson, Theory of ordinary differential
equations, 1955, Intern. Series in pure and applied
math.

3 C. Ehresmann et G. Reeb, Sur les champs d'éléments de contact de
dimension p complètement intégrables, C. R. Acad.
Sc. Paris, 218, 1944, p. 955-57.

4 C. Ehresmann, Les connexions infinitésimales dans un espace fibré
différentiable, Colloque de topologie de Bruxelles,
1950, CBRM, p. 29-55.

5 C. Ehresmann, Sur la théorie des variétés feuilletées, Rend. di Mat.
e appl., Serie V, vol. X, Roma, 1951.

6 C. Ehresmann et Shih W. S., Sur les espaces feuilletés: théorème
de stabilité. C. R. Acad. Sc. Paris, 243, 1956, p.
344-46.

7 A. Haefliger, Sur les feuilletages des variétés de dimension n
par des feuilles fermées de dim. n-1, Colloque de
Topologie de Strasbourg, 1955.

8 A. Haefliger et R. Reeb, Variétés (non séparées) à une dimension
et structures feuilletées du plan, L'enseignement
mathématique, t. III, 1957, 107-25.

André Haefliger

9   A. Haefliger,   Structures feuilletées et cohomologie à valeur dans un faisceau de groupoïdes, Comm. Math. Helv. 32, 1958, 248-329.

10   H. Poincaré,   Sur les courbes définies par les équations différentielles, Oeuvres, Tome 1.

11   G. Reeb,   Sur certaines propriétés topologiques des variétés feuilletées, Act. Sc. et Ind., Hermann, Paris, 1952.

12   G. Reeb,   Sur la théorie générale des systèmes dynamiques, Ann. Inst. Fourier, VI, 1955, 89-115.

13   G. Reeb,   Sur une généralisation d'un théorème de M. Denjoy, Ann. Inst. Fourier, 11, 1961, 185-200.

14   N. Steenrod,   The topology of fibre bundles, Princeton Univ. Press, 1951.

CENTRO INTERNAZIONALE MATEMATICO ESTIVO

(C. I. M. E.)

MICHEL KERVAIRE

LA METHODE DE PONTRYAGIN POUR LA

CLASSIFICATION DES APPLICATIONS SUR UNE SPHERE

ROMA - Istituto Matematico dell'Università

LA METHODE DE PONTRYAGIN POUR LA
CLASSIFICATION DES APPLICATIONS SUR UNE SPHERE.

Par Michel Kervaire (New York).

Soit $f : X \longrightarrow S^n$ une application d'une espace X sur la sphère de dimension n. La classe d'homotopie de f est complètement caractérisée par la donnée de f sur l'image inverse $f^{-1}(V)$ d'une voisinage arbitrairement petit $V \subset S^n$. Plus précisément, si f, g sont deux applications $f, g : X \longrightarrow S^n$ et si $f|_U = g|_U$ avec $U = f^{-1}(V) = g^{-1}(V)$, alors f et g sont homotopes.

<u>Démonstration.</u> (Cf. Alexandroff-Hopf, Topologie)

On peut supposer que V est un disque (ouvert) plongé dans S^n. Soit alors $r : S^n \longrightarrow S^n$ une application de degré 1 qui est homéomorphe sur V et envoie le complémentaire de V sur un point $a^* \in S^n$. Comme r est homotope à l'identité, on a $r \circ f \simeq f$ et $r \circ g \simeq g$. Les hypothèses impliquent $r \circ f = r \circ g$.   Q.E.D.

La méthode de Pontryagin (Cf. <u>Smooth manifolds and their applications in homotopy theory,</u> Trudy Mat. Inst. im. Steklov $\underline{45}$, 1955) du titre est basée sur la version 'infinitesimale' de la remarque ci-dessus.

Dans la suite X sera une variété différentiable (c. à. d. C^∞) compacte (avec ou sans bord). Il est commode de supposer que X est munie d'une métrique Riemannienne. Toute classe d'homotopie d'applications $X \longrightarrow S^n$ contient des applications différentiables. On peut donc se limiter à considérer ces dernières. Dans le cas où $\dim X < n$, il n'y a qu'une seule calsse d'homotopie. Dans toute la suite on supposera que $\dim X = n + k \geqslant n$.

Soit $f : X^{n+k} \longrightarrow S^n$ une application différentiable. L'idée de

Michel Kervaire

Pontryagin est de caractériser la classe d'homotopie de f par l'image inverse $f^{-1}(a)$ d'un point $a \in S^n$ et la dérivée df de f le long de $f^{-1}(a)$. C'est effectivement possible pourvu que df soit "non dégénérée" sur $f^{-1}(a)$.

<u>Définition.</u> On appelle <u>point régulier</u> $x \in X$ de l'application différentiable $f : X \longrightarrow S^n$ un point où la derivée df de f envoie le plan tangent à X en x <u>sur</u> le plan tangent à S^n en $f(x)$.

<u>Définition.</u> On appelle <u>valeur régulière</u> de $f : X \longrightarrow S^n$ un point $a \in S^n$ tel que $f^{-1}(a)$ soit vide ou ne contienne que des points réguliers.

La classe d'homotopie d'une application différentiable $f : X^{n+k} \longrightarrow S^n$ est caractérisée par la donnée de l'image inverse $f^{-1}(a)$ d'une <u>valeur régulière</u> $a \in S^n$ de f et de la dérivée de f le long de $f^{-1}(a)$.

On remarque tout d'abord que si $a \in S^n$ est valeur régulière de $f : X^{n+k} \longrightarrow S^n$, alors $f^{-1}(a) = M^k$ est une sous-variété de X^{n+k}. Si X^{n+k} a un bord, M^k est (en général) une variété à bord, dont le bord est alors contenu dans le bord de X.

Si de plus, on suppose que $f | bX$ (restriction de f au bord de X) admet également a comme valeur régulière, M^k rencontre le bord de X transversalement, i. e. le fibré normal à bM dans bX est la restriction à bM du fibré normal de M dans X. On remarque également que la donnée de la dérivée de f sur M^k, équivaut à la donnée d'une trivialisation φ^n du fibré normal de M dans X. (En particulier l'image inverse d'une valeur régulière d'une application a toujours un fibré normal trivial.)

Pour obtenir φ^k on prend un n-repère fixe du plan tangent $E = S^n$ en a. On observe que M_x, le plan tangent à M en $x \in M$,

Michel Kervaire

est exactement le noyau de $df : T_x \longrightarrow E$ (T_x = plan tangent à X en x). Il s'ensuit que df se restreint à un isomorphisme de N_x (le complément orthogonal de M_x dans T_x) sur E. L'image inverse par df dans N_x du repère fixe choisi dans E fournit un champ de n-repères normaux à M dans X.

Pour voir que M et $df \,|\, M$ caracterise la classe d'homotopie de f, on reconstruit une application $f : X \longrightarrow S^n$ à partir de la donnée de $M \subset X$ et φ_*^n.

La construction de Pontryagin-Thom.

Soit M^k une sous-variété de X^{n+k} avec champ de n-repères normaux φ^n.

Le champ φ^n fournit un difféomorphisme

$$h : U \longrightarrow M \times D^n$$

d'une voisinage tubulaire (fermé) U de M sur $M \times D^n$. Soit $r : D^n \longrightarrow S^n$ une application telle que $r \,|\, \text{int } D^n$ soit un homéomorphisme sur $S^n - a^*$ et $r(S^{n-1}) = a^*$, et soit $\pi : M \times D^n \longrightarrow D^n$ la projection sur le deuxième facteur.

On définira

$$f : X \longrightarrow S^n$$

par le formules

$$f \,|\, U = r\,\pi\,h$$
$$f(X - U) = a^*.$$

Comme $f(bU) = a^*$, l'application f est continue. (On peut la rendre différentiable par un choix convenable de $r : D^n \longrightarrow S^n$.)

Michel Kervaire

L'ambiguité dans la définition de f n'affecte pas sa classe d'homotopie.

On notera $p(M, \varphi)$ toute application $X \longrightarrow S^n$ obtenue par le procédé ci-dessus, à partir de $M \subset X$ avec champ φ .

<u>Définition</u>. Deux sous-variétés fermées (M, φ_o) et (M_1, φ_1) avec champ de n-repères normaux dans X seront dites φ-<u>cobordantes</u> si, plongées respectivement dans $X \times o$ et $X \times 1$, elles cobordent dans $X \times I$ une varieté V^{k+1} qui rencontre $X \times bI$ orthogonalement et qui est munie d'un champ φ^n de n-repères normaus dont la restriction à M_i est φ_i $(i = 0, 1)$.

La variété X étant donnée, le φ-cobordisme dans X est une relation d'équivalence entre les (M^k, φ^n).

<u>Theorème</u>. <u>La construction de Pontryagin-Thom fournit une correspondance biunivoque entre les classes de φ-cobordisme de k-variétés dans la variété fermée X^{n+k} et les classes d'homotopie d'applications</u> $X^{n+k} \longrightarrow S^n$.

1) Si (M_o, φ_o) et (M_1, φ_1) sont φ-cobordantes, la construction de Pontryagin-Thom appliquée à (V^{k+1}, φ^n) fournit une application $X \times I \longrightarrow S^n$. C'est l'homotopie cherchée entre $p(M_c, \varphi_o)$ et $p(M_1, \varphi_1)$.

2) Si $f : X \times I \longrightarrow S^n$ est une homotopie entre $f_o = p(M_o, \varphi_o)$ et $f_1 = p(M_1, \varphi_1)$, on peut rendre cette homotopie différentiable (sans changer f_o, f_1). D'après le théorème de Sard (Bull. Amer. Math. Soc., 48 (1942), 883-890), l'ensemble des valeurs régulières de f est partout dense dans S^n (X est supposée compacte). Sans restreindre la généralité, on peut donc supposer que $a = f_o(M_o) = f_1(M_1) \in S^n$ est valeur régulière de f_0. La variété $f^{-1}(a) = V^{k+1} \subset X \times I$ munie du champ

Michel Kervaire

de n-repères normaux évident, fournit le φ -cobordisme entre (M_o, φ_o^n)

et (M_1, φ_1).

3) Si $a \in S^n$ est valeur régulière de $f : X \longrightarrow S^n$ et si

$f^{-1}(a) = M^k$ avec le champ φ^n obtenu plus haut, on a $f \simeq p(M, \varphi)$.

L'étude des classes d'homotopie d'applications $X \longrightarrow S^n$, où

X est variété différentiable de dimension $n + k$ se ramène donc à l'étu-

de du φ-cobordisme de k-sous-variétés de X muni de champs de

n-repères normaux. Dans la suite $X = S^{n+k}$, et k = 1 et 2.

Le cas k = 1 et $n \geqslant 3$.
=========================

Dans le cas d'une application $f : S^{n+1} \longrightarrow S^n$, l'image inver-

se d'une valeur régulière est une variété fermée M^1 de dimension 1,

donc une réunion dsjointe de cercles plongés dans S^{n+1}.

Comme on l'a vu au paragraphe précédent, M^1 est munie d'un

champ φ^n de n-repères normaux.

On peut regarder M^1 comme plongée dans R^{n+1}, et φ^n dé-

finit une application

$$\omega : M^1 \longrightarrow V_{n+1,n} = SO_{n+1} .$$

On désignera également par $\omega \in Z_2$ le reste mod 2 qui corre-

spond à la classe d'homotopie de l'application $\omega : M^1 \longrightarrow SO_{n+1}$.

Soit ν le nombre de composantes connexes de M^1. On pose

$h(f) = \omega + \nu \in Z_2$.

Lemme. Le nombre h (f) ne dépend que de la classe d'homotopie de f.

En effect si (M_o^1, φ_o) et (M_1^1, φ_1) sont φ -cobordantes

il existe une surface V^2 à bord, plongée dans $R^{n+1} \times I$ avec champ

Michel Kervaire

φ^n de n-repères normaux, et qui rencontre $R^{n+1} \times (i)$ orthogonalement en M_i (i = 0, 1). De plus $\psi^n \mid M_i = \varphi_i^n$.

Si l'on adjoint à φ_i la normale à M_i dans V (intérieure pour
i = 0, extérieure pour i = 1) on obtient des champs φ'_i qui four-
nissent des applications

$$\omega'_i : M_i \longrightarrow V_{n+2,\,n+i} = SO_{n+2} .$$

Les restes modulo 2 représentant ω'_i sont ω_0 et ω_1.
D'autre part, comme φ_i^n est étendu sur V par hypothèse, on a

$$\omega + \omega_1 = E (V)$$

où E (V) est la caractéristique d'Euler de V. Comme V est une
surface orientable avec $\nu_0 + \nu_1$ trous, on a

$$E (V) = \nu_0 + \nu_1 \mod 2.$$

Donc

$$\omega_0 + \nu_0 = \omega_1 + \nu_1 \mod 2.$$

c. q. f. d.

On voit facilement que l'application

$$h : \pi_{n+1} (S^n) \longrightarrow Z_2$$

que l'on vient de définir est un homomorphisme.

<u>h est surjectif.</u>

Soit $S^1 \subset R^2 \subset R^{n+1}$ le plongement standard du cercle, muni
de son champ φ_0^n de n-repères normaux (φ_0^n est formé de la normale à S^1 dans R^2 suivie d'une base du complémentaire orthogonal de R^2

Michel Kervaire

dans R^{n+1}). En tordant φ_0^n par une application $\alpha : S^1 \longrightarrow SO_n$ qui représente le générateur de $\pi_1(SO_n)$, on obtient un nouveau champ φ^n :

$$\varphi^n(z) = \alpha(z) \; \varphi_0^n(z) \; .$$

Comme l'application $S^1 \longrightarrow SO_{n+1}$ donnée par φ_0^n est l'élément non-nul de $\pi_1(SO_{n+1}) = Z_2$, on a

$$h(S^1, \; \varphi^n) = \omega + \gamma = 0 + 1 = 1 \; .$$

h est injectif.

Soit $M^1 \subset R^{n+1}$ une réunion disjointe de cercles plongé avec champ φ^n de n-repères normaux, et supposons que $h(M^1, \varphi^n) = 0$. Soient $M_1, \ldots, M_\nu$ les composantes de M^1. On peut plonger une sphère à ν trous V^2 dans R^{n+2} dont le bord sera $M^1 \subset R^{n+1}$, qui rencontre R^{n+1} orthogonalement, et située d'un seul côté, de R^{n+1} dans R^{n+2}.

Démontrer que (M^1, φ^n) fournit une application homotope à une application constante par la construction de Pontryagin-Thom c'est démontrer que φ^n peut-être étendu sur V^2 (comme champ de n-repères normaux). On complète V^2 en une sphère S^2 plongée dans R^{n+2} en collant les 2-disques plongés D_i dont le bord est M_i, situés de l'autre côté de R^{n+1} que V et encontrant R^{n+1} orthogonalement. S^2 a dans R^{n+2} un fibré normal trivial. Donc la seule obstruction (en dimension 2) pour étendre φ^n sur V^2 est égale à la somme (sur i) des obstructions γ_i pour étendre $\varphi_i = \varphi | M_i$ comme champ de n-repères normaux sur D_i.

Michel Kervaire

Un calcul immediat montre que $\gamma_i = \omega_i + 1$ où ω_i représente $\omega | M_i$. L'hypothèse $h(M, \varphi) = 0$ entraîne $\sum \gamma_i = 0$, d'où la conclusion.

Le cas $k = 2$.
================

Soit M^2 une surface fermée orientable (non nécessairement connexe), plongée dans R^{n+2} avec un champ φ^n de repères normaux.

On va associer à (M^2, φ^n) une forme quadratique

$$Q : H_1(M^2; Z_2) \longrightarrow Z_2 .$$

Soit $X \in H_1(M^2; Z_2)$ et C une courbe (pas nécessairement connexe) représentant x.

C est une immersion régulière de ν cercles disjoints $S_1, \ldots, S_\nu$ dans M^2. Si, pour tout $x \in S_i$, $i = 1, \ldots, \nu$, on adjoint à $\varphi^n(Cx)$ la normale à CS_i en x, on obtient une application

$$\omega : S_1 + \ldots + S_\nu \longrightarrow V_{n+2, n+1} = SO_{n+2}$$

qui détermine un élément de $H_1(SO_{n+2}) \simeq Z_2$.

On notera également ω le reste mod 2 représentant cet élément.

On definit

$$Q(C) = \omega + \sigma + \nu ,$$

où σ est le nombre de points de self-intersection de C.

Si C_1 et C_2 sont deux courbes sur M^2, on a immédiatement

$$(*) \qquad Q(C_1 + C_2) = Q(C_1) + Q(C_2) + C_1 C_2 ,$$

Michel Kervaire

où $C_1 + C_2$ a l'interpretation évidente, et $C_1 . C_2$ est l'intersection des classes d'homotopie mod 2 representées par C_1 et C_2.

Lemme : Si $C_1 \sim C_2$ mod 2, alors

$$Q\,(C_1) = Q\,(C_2) \ .$$

Autrement dit, Q est bien une fonction sur $H_1(M^2; Z_2)$, à valeurs dans Z_2, satisfaisant

$$Q\,(x + y) = Q\,(x) + Q\,(y) + x.y \ ,$$

où $x.y$ est l'intersection des classes x et y.

Démonstration : On remarque tout d'abord qu'il est suffisant de démontrer le lemme sous l'hypothèse $C_1 \sim C_2$ (en tant que cycles à coefficients entiers).

En effet, si $C_1 \sim C_2$ mod 2, il existe une courbe C telle que $C_2 \sim C_1 + 2C$. L'équation $(*)$ ci-dessus implique

$$Q\,(C_1 + 2C) = Q\,(C_1) \qquad \text{mod } 2 \ ,$$

et par suite, $Q\,(C_2) = Q\,(C_1 + 2C)$ entraînera la conclusion.

Si $C_1 \sim C_2$, on a $C_1 . C_2 = 0$. En vertu de la formule $(*)$, il est donc suffisant de demontrer que $C \sim 0$ implique $Q\,(C) = 0$.

Si $C \sim 0$, on peut, par un nombre fini d'opérations de la forme

Michel Kervaire

remplacer C par $C' \sim C$ telle que C' n'a plus de point double. On remarque que le passage de C à C' ne change pas ω et change σ et ν d'une unité. L'expression $\omega + \sigma + \nu$ reste donc inchangée. Finalement, il suffit de démontrer que si C est un système de courbes simples sur la surface M^2, et si $C \sim 0$, alors $Q(C) = \omega + \nu = 0$. Or, dans ce cas, C borde une surface à bord V^2 (région de M^2) et V^2 est munie d'un champ de repères normaux φ^n dans R^{n+1}. D'autre part $Q(C)$ est précisèment la valeur de $h(C, \varphi^{n+1})$ du cas $k = 1$. En vertu des résultats pour $k = 1$ on a $Q(C) = 0$.

L'invariant d'Arf d'une forme quadratique.

Soit H un espace vectoriel sur Z_2 et $Q : H \longrightarrow Z_2$ une forme quadratique (relative a une forme alternée bilinéaire non-dégénérée $H \otimes H \longrightarrow Z_2$ notée x.y). L'application Q satisfait donc à

$$Q(x+y) = Q(x) + Q(y) + x.y$$

On sait que l'éxistence de la forme alternée bilinéaire non-dégénérée implique la parité de dim H.

Définition. On appelle base symplectique de H une base vectorielle $u_1, \ldots, u_m, v_1, \ldots, v_m$ telle que $u_i . u_j = v_i . v_j = 0$ et $u_i . v_j = \delta_{ij}$ pour tout $i, j = 1, \ldots, m$.

On convient que la base vide est symplectique.

Lemme. H admet toujours une base symplectique.

(La démonstration est élémentaire).

Définition. Soit $u_1, \ldots, u_m, v_1, \ldots, v_m$ une base symplectique. L'expression

$$C(Q) = \sum_{i=1}^{m} Q(u_i) \, Q(v_i)$$

Michel Kervaire

est appelée _invariant d'Arf_ de Q.

Lemme. C(Q) _ne dépend que de_ Q (et en particulier ne dépend pas de la base symplectique choisie pour le calculer).

(La démonstration est dans Bourbaki).

Définition. Soit (M^2, φ^n) dans R^{n+2} et $Q : H_1(M^2; Z_2) \longrightarrow Z_2$ la forme quadratique associée. La _signature_ de (M^2, φ^n) est par définition l'invariant de Q.

Lemme. _La signature de_ (M^2, φ^n) _est un invariant de la classe de_ φ-_cobordisme_.

Il est suffisant de démontrer que si (M^2, φ_o^n) est le bord de $V^3 \subset R^{n+3}$ avec champ φ^n, alors la signature de (M^2, φ_o^n) est nulle. $(M^2 \subset R^{n+2}$, la variété V^3 située d'une coté de R^{n+2} dans R^{n+3} et rencontrant R^{n+1} orthogonalement suivant $M^2)$.

On prend sur V^3 une fonction α dont M^2 est surface de niveau, et dont les points critiques sont non-dégénérés. Si $a \in R$ est valeur régulière de α, l'image inverse $\alpha^{-1}(a)$ est une surface M_a plongeé dans V^3. On adjoint à $\varphi^n | M_a$ la normale à M_a dans V^3 (correspondant par exemple à la direction positive sur R). Pour chaque variété M_a, la signature est définie. Il est évident que M_a et M_b ont même signature si l'intervalle (a, b) ne contient que des valeurs régulières de la fonction α. Pour démontrer que (M^2, φ^n) a une signature nulle, il suffit de voir que la signature de M_a ne change pas quand on traverse une valeur critique (non régulière) de α. On peut supposer qu'il n'y a qu'un point critique de α pour chaque valeur critique.

Cas. 1. Si c est valeur critique correspondant à un point critique d'index 0 ou 3, $M_{c-\varepsilon}$ et $M_{c+\varepsilon}$ diffèrent par une sphere disjoin-

Michel Kervaire

te. Leurs signatures sont donc égales.

Cas 2. Si c est valeur critique pour un point critique d'index
1 on 2, l'une des variétés $M_{c-\varepsilon}$ on $M_{c+\varepsilon}$ est obtenue à partir de
l'autre en collant un tube. Si le tube est collé à deux composantes distinctes,
les signatures des deux variétés sont encore trivialement égales.

Si le tube est collé à une seule composantes, il faut ajouter deux éléments u, v à la base symplectique. u est représenté par un parallèle
du tube qui se ferme en une courbe sur la variété. v est représenté par
un méridien du tube. On ignore Q (u), mais Q (v) est nécessairement
nul car le représentant de v est isotope à une courbe homologue à zéro de
la variété originale.

Dans tous les cas la signature de la variété reste inchangée à la tra-
versée d'une valeur critique.

On obtient donc une application

$$\pi_{n+2}(S^n) \;\longrightarrow\; Z_2$$

qui est évidemment un homomorphisme.

Surjectivité. On construit une surface $M^2 \subset R^{n+2}$ avec champ φ^n
de repères normaux dont la signature est $1 \in Z_2$ de la façon suivante:
On prend $M^2 = S^1 \times S^1 \subset R^3 \subset R^{n+2}$ et l'on munit M^2 du n-champ
normal canonique $\varphi_0^{\,n}$ ($\varphi_0^{\,n}$ consiste en la normale à $S^1 \times S^1$ dans
R^3 suivi d'une base de R^{n+2} / R^3) . Soit $\alpha : S^1 \longrightarrow SO_n$ un représentant du générateur de $\pi_1 (SO_n)$. On definit $\beta : S^1 \times S^1 \longrightarrow SO_n$
par $\beta (x, y) = \alpha (x) \cdot \alpha (y)$ où le point désigne la multiplication dans
SO_n. Le champ φ^n est obtenu à partir de $\varphi_0^{\,n}$ en 'tordant' par l'application β :

Michel Kervaire

$$\varphi^n (Z) = \beta(Z) \cdot \varphi_0^{\,n}(Z).$$

Les cycles $\xi = S^1 \times (*)$ et $\eta = (*) \times S^1$ forment une base sym-plectique de $H_1(M^2; Z_2)$ et $Q(\xi) = Q(\eta) = 1$. Donc

$$C(M^2, \varphi^n) = 1.$$

Pour l'injectivité, Pontryagin fait appel à un argument simple de théorie de l'homotopie d'après lequel $\pi_{n+2}(S^n)$ ne peut avoir plus de 2 éléments:

Comme la suspension $\pi_4(S^2) \longrightarrow \pi_{n+2}(S^n)$ est surjective, $\pi_{n+2}(S^n)$ n'a pas plus d'élément que $\pi_4(S^2)$. D'autre part $\pi_4(S^2) \simeq \pi_4(S^3) \simeq Z_2$.

CENTRO INTERNAZIONALE MATEMATICO ESTIVO

(C. I. M. E.)

S. S M A L E

STABLE MANIFOLDS FOR DIFFERENTIAL

EQUATIONS AND DIFFEOMORPHISMS

Roma - Istituto Matematico dell'Università

STABLE MANIFOLDS FOR DIFFERENTIAL

EQUATIONS AND DIFFEOMORPHISMS

S. Smale [1]

1. Preliminaries

A (first order) differential equation ("autonomous") may be considered as a C^ω vector field X on a C^ω manifold M (for simplicity, for the moment we take the C^∞ point of view; manifolds are assumed
not to have a boundary, unless so stated). From the fundamental theorem
of differential equations, there exist unique C^∞ solutions of X through
each point of M. That is, if $x \in M$, there is a curve $\varphi_t(x)$, $|t| < \varepsilon$
such that, $\varphi_0(x) = x$, $\dfrac{d\varphi_t(x)}{dt}\Big|_{t=t_0} = X(\varphi_{t_0}(x))$ if $|t_0| < \varepsilon$,
and $\varphi_t(x)$ is C^ω on (t, x) (in a suitable domain).

Moreover if M is compact then $\varphi_t(x)$ is defined for all
$t \in R$ (R the real numbers) and X defines a 1-parameter group of
transformations of M.

More precisely, a <u>1-parameter group of transformations</u> of a manifold M is a C^∞ map $F : R \times M \to M$ such that if $\varphi_t(x) = F(t, x)$,
then

$$\text{(a)} \quad \varphi_0(x) = x$$

$$\text{(b)} \quad \varphi_{t+s}(x) = \varphi_t \circ \varphi_s(x)$$

Then for each t, $\varphi_t : M \to M$ is a diffeomorphism (a differentiable homeomorphism with differentiable inverse). A differential equation

---

[1] The author was a Sloan fellow during part of this work.

S. Smale

on a compact manifold defines or <u>generates</u> a 1-parameter group of tran<u>s</u> formations of M. We shall say more generally that a <u>dynamical system</u> on a manifold M is a 1-parameter group of transformations of M.

If φ_t is a dynamical system on M, $\dfrac{d\,\varphi_t(x)}{dt}\Bigg|_{t=0} = X(x)$ defines a C^∞ vector field on M which in turn generates φ_t. We also speak of X as the dynamicl system.

Let X, Y be dynamical systems on manifolds M_1, M_2 respectively generating 1-parameter groups φ_t, ψ_t. Then X and Y (or φ_t, ψ_t) are said to be (topologically equivalent if there is a homeomorphism $h : M_1 \to M_2$ with the property that h maps orbits of X into orbits of Y preserving orientation.

The homeomorphism $h : M_1 \to M_2$ will be called an equivalence. Often $M_1 = M_2$.

The qualitative study of (1st order) differential equations is the study of properties invariant under this notion of equivalence, and ultimately finding the equivalence classes of dynamical systems on a given manifold. [2]

In this paper we are concerned with the problem of topological equi valence. An especially fruitfull concept in this direction is that of <u>structural stability</u> due to Andronov and Pontrjagin, see $\begin{bmatrix}5\end{bmatrix}$. The definition in our context is as follows.

Assume a fixed manifold M, say compact for simplicity, has some fixed metric on it. An equivalence $h : M \to M$ (between two dynamical systems on M) will be called an ε -equivalence if it is pointwise wi-

---

[2] For a survey of this problem see talk in the Proceedings of the International Congress of Mathematicians, Stockholm 1962.

S. Smale

thin ε of the identity. One may speak of two vector fields X and Y on M as being C' close (or $d_{C'}(X,Y) < \delta$) if they are pointwise close and in addition, in some fixed finite covering of coordinate systems of M, the maximim of the difference of their 1st derivatives over all the se coordinate systems is small. (Similarly one can define a C^r topology, $1 \leqslant r \leqslant \infty$, see $[7]$). Then X is <u>structurally stable</u> if given $\varepsilon > 0$, there exists $\delta > 0$ such that if a vector field Y on M satisfies $d_{C'}(X,Y) < \delta$, then X and Y are ε -equivalent.

The problem of structural stability is:
given M compact, are the structurally stable vector fields on M, in the above C' topology, dense in all vector fields. If the dimension of M is less than 3, the answer is yes by a theorem of Peixoto $[9]$; in higher dimensions it remains a fundamental and difficult problem.

Although in this paper we are not concerned explicity with structural stability, this concept lies behind the scenes. Attempts at solving the problem of structural stability, guide one toward the study of the generic or general dynamical systems in contrast to the exceptional ones.

There seems to be no general reduction of the qualitative problems of differential equations. However, there is a problem which has some aspects of a reduction. This is the <u>topological conjugacy problem for dif-feomorphisms</u> wich we proceed to describe.

Two diffeomorphisms $T, T' : M_1 \to M_2$ are topologically (differentiably) conjugate if there exists a homeomorphism (diffeomorphism) $h : M_1 \to M_2$ such that $T'h = hT$. Often $M_1 = M_2$. This topological conjugacy problem is to obtain information on the topological equivalence

S. Smale

classes of diffeomorphisms of a single given manifold.[3]

When dim M = 1, the problem is solved according to results of Poincaré, Denjoy and others, see $[2]$. For dim M > 1, there are very few general theorems. We now explain the relevance of this problem to differential equations.

2. Cross-sections

Suppose X, or φ_t, is a dynamical system on a manifold M. A cross-section for X is a submanifold Σ of codimension 1 of M, closed in M, such that (a) Σ is transversal to X,

(b) if $x \in \Sigma$, there is a t > 0 with $\varphi_t (x) \in \Sigma$,

(c) if $x \in \Sigma$, there is a t < 0 with $\varphi_t (x) \in \bar{\Sigma}$, and

(d) Every solution curve passes through Σ .

If X admits a cross-section Σ , one can define a map $T : \Sigma \to \Sigma$ by $T(x) = \varphi_{t_0} (x)$ where t_0 is the first t greater than zero with $\varphi_t (x) \in \Sigma$. It is not difficult to prove that $T : \Sigma \to \Sigma$ is a diffeomorphism, called the <u>associated diffeomorphism</u> of Σ .

One can also easily prove that, if M is compact and connected, then conditions (c) and (d) in the definition of cross-section are consequences of (a) and (b).

---

[3] See footnote 2.

S. Smale

Suppose on the other hand $T_0 : \Sigma_0 \to \Sigma_0$ is a diffeomorphism of a manifold. Then on $R \times \Sigma_0$ let (t, x) be considered equivalent to the point $(t+1, \ T(x))$. The quotient space under this equivalence relation is a new differentiable manifold say M_0. Let X_0 be the dynamical system on M_0 induced by the constant vector field $(1, 0)$ on $R \times \Sigma_0$, and $\pi : R \times \Sigma_0 \to M_0$ the quotient map. We say that X_0 on M_0 is the dynamical system <u>determined</u> by the diffeomorphism $T_0 : \Sigma_0 \to \Sigma_0$.

2.1 <u>Lemma</u>

Let φ_t be dynamical system generated by X on M, which admits a cross-section Σ. Then by a C^∞ reparameterization $s_x(t)$ of $t, x \in M$, one can obtain a 1-parameter group φ_s of transformations of M such that if $x \in \Sigma$, $\varphi_1(x) \in \Sigma$ and $\varphi_s(x) \notin \Sigma$ for $0 < s < 1$.

We leave the straightforward proof of 2.1 to the reader.

2.2 <u>Theorem</u>

Suppose the dynamical system φ_t generated by X on M admits a cross-section Σ with associated diffeomorphism T. Let X_0 on M_0 be the dynamical system determined by the diffeomorphism $T : \Sigma \to \Sigma$. Then X_0 on M_0 is equivalent to X on M (by a diffeomorphism in fact).

Proof. First apply 2.1. Then the desired equivalence of 2.2 can be taken as induced by $f : M \to R \times \Sigma$, $f(\varphi_s(x)) = (s, x)$ for $x \in \Sigma$

2.3 <u>Theorem</u>

If $T_0 : \Sigma_0 \to \Sigma_0$ is a diffeomorphism, the dynamical sy-

S. Smale

stem it determines has a cross-section Σ with the property that the associated diffeomorphism is differentiably equivalent to T_0.

For the proof of 2.3, one just takes $\pi(0 \times \Sigma_0)$ for Σ, and the equivalence is induced by the map of $\Sigma_0 \to R \times \Sigma_0$ given by $x \to (0, x)$.

2.4 Theorem

Let $T_0 : \Sigma_0 \to \Sigma_0$, $T_1 : \Sigma_1 \to \Sigma_1$ be diffeomorphisms which determine respectively dynamical systems X_0 on M_0 and X_1 on M_1. If T_0 and T_1 are topologically (differentiably) equivalent then X_0 and X_1 are topologically equivalent, (equivalent by a diffeomorphism).

The proof is easy and will be left to the reader.

The preceeding theorems show that if a dynamical system admits a cross-section, then the problems we are concerned with admit a reduction to a diffeomorphism problem of one lower dimension. Furthermore every diffeomorphism is the associated diffeomorphism of a cross-section of some dynamical system.

Remark:

The existence of cross-sections in problems of classical mechanics first motivated Poincaré and Birkhoff [1] to study surface diffeomorphisms from the topological point of view.

A local version of the preceeding ideas on cross-sections is especially useful. A closed or periodic orbit γ of a dynamical system φ_t on M is a solution $\varphi_t(x)$ with the property $\varphi_t(x) = x$ for some $t \neq 0$. A periodic point of a diffeomorphism $T : \Sigma \to \Sigma$

S. Smale

is a point $p \in \Sigma$ such that there is an integer $m \neq 0$ with $T^m (p)=p$ (T^m denotes the mth power of T as a transformation). The following is clear.

2.5 <u>Lemma</u>

Let φ_t be a dynamical system on M with cross-section Σ and associated diffeomorphism T. Then $p \in \Sigma$ is a periodic point of T if and only if the orbit of the dynamical system through p is closed.

<u>A local diffeomorphism about</u> $p \in M$ is a diffeomorphism $T : U \twoheadrightarrow M$, U a neighbourhood of p and $T(p) = p$. Two local diffeomorphisms about $p_1 \in M_1$, $p_2 \in M_2$, $T_1 : U_1 \to M_1$, $T_2 : U_2 \twoheadrightarrow M_2$ are <u>topologically</u> (differentiably) <u>equivalent</u> if there exists a neighbourhood U of p_1 in U_1 and a homeomorphism (diffeomorphism) $h : U \twoheadrightarrow U_2$ such that $h(p_1) = p_2$ and $T_2 h(x) = h T_1(x)$ for $x \in T_1^{-1} (U) \cap U$. The following is easily proved.

2.6 <u>Lemma</u>

If X is a vector field on a manifold M, $X(p) \neq 0$, for some $p \in M$, there exists a submanifold Σ of codimension 1 of M containing p and transversal to X.

Let γ be a closed orbit of a dynamical system φ_t generated by X on M, $p \in \gamma$. Let Σ be given by 2.6 containing p, with $(CL\ \Sigma) \cap \gamma = p$. One defines a local diffeomorphism T of Σ about p by $T(x) = \varphi_t(x) \in \Sigma$ where x is in some neighbouhrood U of p in Σ and t is the first $t > 0$ with $\varphi_t(x) \in \Sigma$. Call $T : U \longrightarrow \Sigma$, the local diffeomorphism

S. Smale

associated to the closed orbit γ , Σ a local cross-section.

2.7 Lemma

The differentiable equivalence class of T depends only on γ and the vector field X. It is independent of p and Σ .

Proof. Let $p_1, p_2 \in \gamma$ with local cross-sections Σ_1, Σ_2 respectively. Assume first $p_1 \neq p_2$. Then we can assume $\Sigma_1 \cap \Sigma_2 = \emptyset$. Define $h : U \to \Sigma_2$, for U a sufficiently small neighbourhood of p in Σ_1, by $h(x) = \varphi_t(x)$ for $x \in U$ by taking $t > 0$ the first t such that $\varphi_t(x) \in \Sigma_2$. Then h acts as a differentiable equivalence. If $p_1 = p_2$, take $p_3 \in \gamma$, distinct from p_1, and with local cross-section Σ_3. Then apply the preceeding to show that the local diffeomorphism of Σ_1 is differentiably equivalent to that of Σ_3 and that of Σ_2 is differentiably equivalent to that of Σ_3. Transitivity fineshes the proof.

Now given a local diffeomorphism about $p \in \Sigma$, $T : U \to \Sigma$, one can construct a manifold M_0, with a vector field X_0, containing a closed orbit γ with Σ as a local cross-section. The construction is the same as in the global case. Moreover, and this is a useful fact, the local analogues of 2.2 - 2.4 are valid.

3. Local Diffeomorphisms

3.1 Theorem

Let $A : E^n \to E^n$ be a linear transformation with eigenvalues satisfying $0 < |\lambda_i| < 1$. Then there exists a Banach space structure on E^n such that $\|A\| = \lambda < 1$.

The proof follows from the fact that every real linear transformation

S. Smale

is equivalent to a direct product of the following real canonical forms

$$
\begin{pmatrix}
\alpha & \beta & & & & \\
-\beta & \alpha & & & & \\
& & \gamma & 0 & & \\
& & c & \gamma & & \\
& & & & \gamma & 0 & \alpha & \beta \\
& & & & 0 & \gamma & -\beta & \alpha
\end{pmatrix}
\qquad \text{and} \qquad
\begin{pmatrix}
\gamma & \delta & & \\
& \ddots & \ddots & \\
& & \gamma & \delta
\end{pmatrix}
$$

Here γ can be taken arbitrarily small, and $\alpha + i\beta$, $\alpha - i\beta$ are the eigenvalues. These canonical forms may be deduced from the usual Jordan canonical form, and the following two easy lemmas.

3.1a Lemma

The linear transformations given by the following two matrices are equivalent, where α, β are real.

$$
\begin{pmatrix}
\alpha & \beta \\
-\beta & \alpha
\end{pmatrix}
\qquad
\begin{pmatrix}
\alpha + i\beta & , & 0 \\
0 & & \alpha - i\beta
\end{pmatrix}
$$

S. Smale

3. 1b <u>Lemma</u>

The linear transformations given by the following two matrices are
equivalent where γ is non-zero, but otherwise arbitrary.

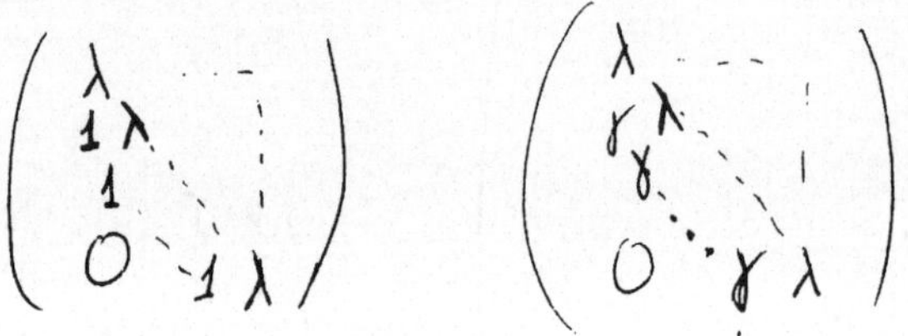

The equivalence is given by

A linear transformation satisfying the conditions of 3. 1 will be called a <u>linear contraction</u>.

3. 2 <u>Theorem</u>

Let T be a local diffeomorphism about the origin 0 of E^n
whose derivate L at 0 is a linear contraction. Then there is an equivalence R between T and L which is C^∞ except at 0. In fact
there is a global diffeomorphism $T' : E^n \longrightarrow E^n$ which agrees with T
in some neighbourhood of 0 and a (global) equivalence R between
T' and L, C^∞ except at 0.

<u>Proof</u>

By 3. 1 we can assume $\|L\| < \theta < 1$, and that $T(x) =$

S. Smale

$= Lx + \bar{f}(x)$ where $\dfrac{\|\bar{f}(x)\|}{\|x\|} \rightarrow 0$ as $\|x\| \rightarrow 0$. Choose $r > o$ so that $\|\bar{f}(x)\| < (1 - \theta)\|x\|$ for $\|x\| < r$. The following is well known.

3.2a Lemma

Given $r > o$, there exists a real C^{ℓ} function φ on E^n which is one on a neighbourhood of 0, $\|\varphi(x)\| \leq 1$ for all $x \in E^n$, and $\varphi(x) = 0$ for all $\|x\| \geqslant r$.

Let $f(x) = \varphi(x) \bar{f}(x)$ where $\varphi(x)$ is given by 3.2a. Then it is sufficient to prove 3.2 for T_0 and L where $T_0(x) = Lx + f(x)$, and T_0 is defined on all of E^n. Observe that for $\|x\| > r$, $T_0(x) = Lx$. Define $R : E^n \rightarrow E^n$ by $R(0) = 0$ and $Rx = T_0^N L^{-N} x$ where N is large enough so that $\|L^{-N} x\| > r$. It is easy to check that R is well-defined, has the equivalence property, and is a C^∞ diffeomorphism except at 0. It remains to check that R is continuos at the origin, or that $\|R(x)\| \rightarrow 0$ as $\|x\| \rightarrow 0$. First note that there exists $k < 1$, so that for all $x \in E^n$, $\|T_0 x\| < kx$. Also $R(x) = T_0^N L^{-N} x = T_0^N y$ where $y = L^{-N} x$ and we can assume $\|y\| < M$. Then continuity follows from the fact that as $\|x\| \rightarrow 0$, the N of definition of $R(x)$ must go to infinity.

A local diffeomorphism satisfying the condition of 3.2 is called a local contraction. A contraction of E^q is a diffeomorphism T of E^q on to itself such that there is a differentiably inbedded disk $D \subset E^q$ with $T D \subset$ interior D, $\bigcap_{i > 0} T^i D =$ origin of E^q, $U_{i < 0} T^i D = E^q$. Thus using 3.1, the T constructed in 3.2 is a contraction. If all the eigenvalues of a linear transformation L have absolute value greater that one, then L is called a linear expansion.

S. Smale

If the derivative at p of a local diffeomorphism T about p is a linear
expansion then T is called a <u>local expansion</u>. The inverse of a linear
(local) expansion is a linear (local) contraction. In this way 3.1 and
3.2 give information about linear and local expansions.

The following theorem was known to Poincaré for dim E = 2. One
can find n dimensional versions in Petrovsky [10] , D. C. Lewis [6] ,
Coddington and Levinson [2] , Sternberg [14] and Hartman [4]   Some
of these authors were concerned mainly with the similar theorem for differential equations.

3.3 Theorem

Let $T : U \to E$ be a local diffeomorphism about 0 of Eucli -
dean space whose derivative $L : E \to E$ at 0 is a product of
$L_1 : E_1 \to E_1$, $L_2 : E_2 \to E_2$, $E = E_1 \times E_2$ where $\|L_1\|$,
$\|L^{-1}\| < 1$. Then there is a submanifold V of U with the following
properties:

(a) $0 \in V$, the tangent space of V at 0 is E_1,

(b) $T V \subset V$, and

(c)   there exists a differentiable equivalence R between a local diffeomorphism T' about 0 of E whose derivative at 0 is L_1
and T restricted to V.

(d) $V = \bigcap_{j=0}^{\infty} B_j$ where $B_0 = U \cap TU$ and B_j is defined inducti-
vely by $B_j = T^{-1} (B_{j-1} \cap B_0)$.

Due to the previous discussion in this section, the hypothesis of

S. Smale

3.3 is mild, merely that no eigenvalue of L has absolute value 1. One may apply 3.2 to the restriction of T to V. Note by applying 3.3 to T^{-1} one can obtain a submanifold V_2 of U containing 0 whose tangent space at 0 is E_2 and T restricted to V_2 is a local expansion. We call V the <u>local stable manifold,</u> V_2 the <u>local unstable manifold</u> of T at 0.

Use (x, y) for coordinates of $E = E_1 \times E_2$, so that one can write, using Taylor's expansion,

$$T(x, y) = (L_1 x + g_1 (x, y), \quad L_2 y + g_2 (x, y))$$

The proof of 3.3 is based on the following lemma.

3.4 Lemma

There exists a unique C^∞ map $\phi : U_1 \to E_2$, U_1 a neighbourhood of 0 in E_1, $\phi(o) = 0$, $\phi'(o) = 0$ satisfying

3.5 $\quad \phi(L_1 x + g_1(x, \phi(x))) = L_2 \phi(x) + g_2(x, \phi(x))$.

Furthermore $(x, \phi(x)) \in \bigcap_{j=0}^{\infty} B_j$, B_j as in (d) of 3.3.

To see how 3.3 follows from 3.4, let V be the graph of ϕ, i.e. $V = (x, \phi(x)) \in E_1 \times E_2$ for all x in U_1, where by 3.2 we assume $T'U_1 \subset U_1$. Then letting $R : U_1 \to V$ be defined by $R(x) = (x, \phi(x))$, $T' : U_1 \to E_1$ by $T'(x) = L_1 x + g_1(x, \phi(x))$ and using the equation of 3.4, it is easily verified that V, R, T' satisfy 3.3 Thus it remains to prove 3.4.

This we do not do here, but remark that one solves the functional equation 3.5 by the method of successive approximations.

4. Stable manifolds of a periodic orbit

S. Smale

The global stable and unstable manifolds we construct in this section were considered by Poincaré and Birkhoff [1] in dimension 1 for a surface diffeomorphism. The analagous stable manifolds for a dynamical system (see section :9) have been considered by Elsgoltz [3] , Thom [15] , Reeb [11] and in [12] .

Suppose $T : M \to M$ is a diffeomorphism and $p \in M$ is a periodic point of T so that $T^m (p) = p$. The derivative L of T^m at p will be a linear automorphism of the tangent space M_p of M at p. The point p will be called an elementary periodic point of T if L has no eigenvalue of absolute value 1, and transversal if no eigenvalue of L is equal to 1.

4.1 <u>Theorem</u>

Let p be an elementary fixed point of a diffeomorphism $T : M \to M$, and E_1 the subspace of M_p corresponding to the eigenvalues of the derivative of T at p of absolute value less than 1. Then there is a C^∞ map $R : E_1 \to M$ which is an immersion (i.e. of rank= = dim E_1 everywhere), 1-1, and has the property $TR = RT'$ where $T' : E_1 \to E_1$ is a contraction of E_1. Also $R(p) = p$ and the derivative of, R at p is the inclusion of E_1 into M_p.

Proof. One applies 3.3. The map R of 3.3, say R_0, is defined in a neighbourhood U of 0 in E_1 into M. We now extend it to all of E_1 to obtain the map R of 4.1. By 3.2 we can assume T' of 3.3 is a (global) contraction of E_1. If $x \in E_1$, let $Rx = = T^{-N} R_0 T'^N x$ where N is large enough so that $T'^N x \in U$. It may be verified with little effort that R is well-difined and satisfies the conditions of 4.1.

S. Smale

The map $R : E_1 \to M$, or sometimes the image of R, is called the _stable manifold_ of p or T at p. The _unstable manifold_ of p or T at p is the stable manifold of T^{-1} at p. These objects seem to be fundamental in the study of the topological conjugacy problem for diffeomorphisms. An (elementary) _periodic orbit_ is the finite set $\bigcup_{i \in Z} T^i p$ where p is an (elementary) periodic point. The definition of the stable manifold for an elementary priodic orbit (or sometimes elementary periodic point) is as follows. Let $\psi : E_1 \to M$ be the stable manifold of T^m at p where m is the least period of p, p in our periodic orbit. Then $R : E_1^i \to M$ is defined by $R = T^i \psi$ where $0 \leq i < m$ and E_1^i is a copy of E_1. Thus the _stable manifold_ of a periodic orbit is the 1-1 immersion R of the disjoint union of m copies of a Euclidean space. The stable manifold of a periodic point B is defined to be the component of the stable manifold of the associated periodic orbit in which B lies. The unstable manifold of a periodic orbit (periodic point) is the stable manifold of the peiodic orbit (periodic point) relative to T^{-1}.

5. Elementary periodic points

Let $\mathcal{D}$ be the set of all diffeomorphisms of class C^r of a fixed compact C^r manifold M on to itself, $\infty \geqslant r > 0$. Endow $\mathcal{D}$ with the C^r topology (see [7]). It may be proved that $\mathcal{D}$ is a complete metric space. We recall that in a complete metric space the countable union of open dense sets must be dense.

5.1 Theorem

Let M be a compact C^r manifold, $r > 0$, and D the spa-

S. Smale

ce of C^r diffeomorphisms of M endowed with the C^r topology. Let $\mathcal{P} \subset \mathcal{D}$ be the set of T with the property that every periodic point of T is elementary. Then $\mathcal{P}$ is a countable union of open dense sets.

We prove the following stronger theorem which implies 5.1 (since $\mathcal{P} = \bigcap_{p \in Z^+} \mathcal{P}_p$, Z^+ denotes the positive integers).

5.2 Theorem

Let D be as in 5.1 and $\mathcal{P}_p$ be the set of diffeomorphisms T with the property that every periodic point of T of period $\leq p$ is elementary. Then $\mathcal{P}_p$ is open and dense in D.

Proof

We first show that $\mathcal{P}_p$ is open $\mathcal{D}$. Let $T_0 \in \mathcal{P}_p$, $T_1 \to T_0$ in D, $T_i \in D$. It must be shown that $T_i \in \mathcal{P}_p$ for large enough i. Suppose not. Then there exist p_i $i = 1, 2, \ldots, |p_i| \leq p$, such that $T_i^{p_i}(x_i) = x_i$ and x_i is not an elementary periodic point of T_i of period p_i. By choosing subsequences, we can assume $x_i \to x_c \in M$ and the p_i are constant say p_0. Then $T^{p_0}(x_0) = x_0$. Thus x_0 is a periodic point of T of period $p_0 \leq p$ and elementary since $T \in \mathcal{P}_p$. So the derivative of T^{p_0} at x_0 has no eigenvalue of absolute value 1. On the other hand the derivative of $T_i^{p_0}$ at x_i for all i has an eigenvalue of absolute value 1. This is a contradiction since $T_i \to T$ in the C^r topology, $r > o$, and $x_i \to x_0$.

We next show that $\mathcal{P}_p$ is dense in $\mathcal{P}_{p-1}$, $p \geq 1$, $\mathcal{P}_o = D$. This will finish the proof of 5.2. Let $\overline{\mathcal{P}}_p$ be the analogue of $\mathcal{P}_p$ with elementary replaced by transversal. Then it is sufficient to prove:

(1) $\overline{\mathcal{P}}_p \cap \mathcal{P}_{p-1}$ is dense in $\mathcal{P}_{p-1}$, and (2) $\mathcal{P}_p$ is dense in

110

S. Smale

$\overline{\mathcal{P}}_p$. We first do the main step, (1).

For $p = 1$, we use the following easily proved lemma.

5.3 Lemma

Let $T : M \to M$ be a diffeomorphism. Then $x \in M$ is a transversal periodic point of T of period p if and only if the graph Γ of T^p and the diagonal Δ in $M \times M$ intersect transversally at (p, p) (i.e. the tangent space of Δ and Γ at (p, p) span the tangent space of $M \times M$ at (p, p')).

Then a general position theorem of differential topology applies to yield that $\overline{\mathcal{P}}_1$ is dense in $\mathcal{D}$ (see Thom [16]).

Let $T \in \mathcal{P}_{p-1}$ and $\beta_1, \ldots, \beta_k$ be all the periodic points of T of periodic $\leq p-1$. Then one can find neighbourhoods N_i of β_i so that any periodic point of T in $N = \bigcup_{i=1}^{k} N_i$ of period $\leq p$ is one of the β_i and elementary.

Now let $\delta = \min_{x \in CL(M-N)} d(x, T^i x)$ where $|i| \leq p-i$. Then $\delta > 0$. By possibly choosing δ smaller we can assume that any set U of diameter $\leq 2\delta$ is contained in a coordinate neighbourhood of M and hence that $T(U)$, has the same property. Next for $x \in M$, let $U(x), V(x), W(x)$ be neighbourhoods of radius δ, $1/2\delta$, $1/3\delta$ respectively. Let $(U_\alpha, V_\alpha, W_\alpha)$ for $\alpha = 1, \ldots, q$ be a finite set of these such that $\bigcup W_\alpha = M$, for each α choose a coordinate neighbourhood $E_\alpha \supset CLTU_\alpha$.

Then using the linear structure of E_α, $T-S^{-1} : D_\alpha \to E_\alpha$ is a well defined map where $S = T^{p-1}$ and $D_\alpha = \{ x \in U_\alpha \mid S^{-1} x \in E_\alpha \}$. By Sard's theorem, see e.g. [16], choose a map $g_\alpha : D_\alpha \to E_\alpha$, small

S. Smale

with its first r derivatives so that $T-S^{-1} | g_\alpha : U_\alpha \to E_\alpha$ has 0 as a regular value. Starting with $\alpha = 1$, let $T_1 = T$ outside U_1, $T_1 = T / g_1$ on V_1 using 3. 2a. Then T_1 restricted to V_1 has transversal periodic points of period p as can be seen as follows:

If $x \in V_1$ and $T_1^p (x) = x$, then $T_1^p (x) = T^{(p-1)} T_1 x$ and $T_1 x = S^{-1} x$. So $(T_1 - S^{-1}) x = 0$ and since $T_1 - S^{-1}$ has a regular value at 0, the derivative of T_1^{p-1} at x is non-singular and x is a transversal singular point of T_1 of period p.

One makes the same construction for $\alpha = 2, \ldots, q$, making sure that g_α is so small with respect to the "bump function" that the diffeomorphism retains its desirable qualities on N and $W_1, \ldots, W_{\alpha - 1}$. This proves that $\overline{F}_p$ is dense in F_{p-1}.

We finally show that $\mathcal{P}_p$ is dense in $\overline{\mathcal{P}}_p$. Let $T_0 \in \overline{\mathcal{P}}_p$. Then by 5. 3 the periodic points of T_0 of period $\leq p$ are isolated, hence finite in number, say $\beta_1, \ldots, \beta_k$. Let $N_1, \ldots, N_k$ be disjoint Euclidean neighbourhoods of the β_i. Then it is sufficient to show that given i, $1 \leq i \leq k$, there exists a diffeomorphism $T : M \to M$ such that $T = T_0$ outside of N_i, T approximates T_0, and T has β_i as an elementary periodic point. This can be easily done using 3. 2a and the fact that linear transformations with no eigenvalue of absolute value 1 are dense in all linear transformations. This finishes the proof of 5. 2.

Remark

If $T \in \mathcal{P}$, then given an integer N, there exists only a finite number of points of period $\leq N$ of T. This follows from 5. 3. Hence

S. Smale

T has only a countable number of periodic points.

6. Normal intersection

Two submanifolds W_1, W_2 of a manifold M have normal inter-section if for each $x \in W_1 \cap W_2$, the tangent space of W_1 and W_2 at x span the tangent space of M at x. A diffeomorphism $T : M \to M$ has the <u>normal intersection property</u> if when β_1, β_2 are generic periodic points of T, the stable manifold of β_1 and the unstable manifold of β_2 have normal intersection (this definition is clear even though the stable manifold is not strictly a submanifold).

Let $\mathcal{D}$ and $\mathcal{P}$ be as in the previous section and let $\mathcal{E}$ be the subspace of $\mathcal{P}$ of diffeomorphisms with the normal intersection property.

6.1 Theorem

$\mathcal{E}$ is the countable intersection of open dense subsets of $\mathcal{D}$ (The first theorem of this kind seems to be $\lfloor 13 \rfloor$).

Let our basic manifold M have some fixed metric and let $N_\xi(x)$, for $\xi > 0$, $x \in M$, denote the open $\mathcal{E}$ neighbourhood of x in M. Let R^+ be the set of positive real numbers.

6.1a Lemma

For each $p \in Z^+$, there exists a continuous function $\xi : \mathcal{P}_p \to R^+$ with the following property. If $T \in \mathcal{P}_{p'}$ $x \in M$ is a periodic point of T of period $\leqslant$ p, then $CL \left[N_{\xi(T)}(x) \cap W1x) \right] CW(x)$,

where W (x) is either the stable or unstable manifold, $W^s(x)$ or $W^u(x)$ respectively, of x with respect to T.

Proof

It is clear that on an open neighbourhood N_α of each $T_\alpha \in \mathcal{P}_p$

S. Smale

that one can find a constant function ε_α with the property of ε of 6.1a. Let ε_α , N_α be a countable covering of $\mathcal{O}_p$ of this type, $\alpha = 1, 2, ---$. Then let $\varepsilon' = \varepsilon_1$ on N_1, $\varepsilon' = \min(\varepsilon_1, \varepsilon_2)$ on $N_2 - N_1$, $\min(\varepsilon_1, \varepsilon_2, \varepsilon_3)$ on $N_3 - N_1 - N_2$ etc.. Then ε^1 is lower semicontinuous on F_p. Finally, for example by Kelly, General Topology, New York 1955 p. 172 one can obtain the ε of 6.1a.

Now if x is a periodic point of $T \in F_p$ of period $\leq p$, let
$$L^\tau(x) = L^\tau(x, T) = CL\left[N_{\varepsilon(T)}(x) \cap W^\tau(x)\right] , \quad \tau = s \text{ or } \tau = u.$$
Define ε^k_p, $\ell \in Z^+$, to be the subspace of $\mathcal{O}_p$ of diffeomorphisms with the following property. If $x, y \in M$ are periodic points of period $\leq p$ of $T \in \mathcal{O}_p$, then at each point of $T^k(L^u(x)) \cap T^{-k}(L^s(y))$, $W^u(x)$ and $W^s(y)$ have normal intersection.

6.2 Theorem

ε^k_p is open and dense in D.

Note that (6.1) follows from (6.2) because $\varepsilon = \bigcap_{p, k \in Z^+} \varepsilon^k_r$

For 6.2 we first remark that ε^k_p is clearly open in $\mathcal{D}$ Hence in view of 5.2 it is sufficient to show that ε^k_p is dense in $\mathcal{O}_p$.

Let $T \in \mathcal{O}_p$. Denote by $\beta_1, ---, \beta_\ell$ the periodic points of T of period $\leq p$ with stable and unstable manifolds $W_i^\tau = W^\tau(\beta_i)$, $\tau = s, u$.

We will consider only approximations T' of T which agree with T on some neighbourhood V_o of the β_i, and so that β_i, $i = 1, \ldots, k_o$ are precisely the periodic points of T' of period $\leq p$. Let the corresponding stable manifolds of such a T' be noted by W_i^s,

S. Smale

$i = 1, \ldots, k_0$, etc.

With T' as above, there is a canonical map $q : W_i^{\tau} \to W_i^{\tau_1}$, $\tau = s, u, i = 1, \ldots, k_0$ defined as follows. If $x \in W_i^s$, $m = \text{period } \beta_i$, there is a positive integer N_0 such that $T^{mn}(x) \in V_0$ for all $N \geqslant N_0$. Let $q x = T^{-mn_0} T^{mn_0} x$. For $x \in W_i^n$ one takes $n \leq n_0 < 0$. Then q is a well defined 1-1 immersion.

Now fix $i, j, 1 \leq i, j \leq k_0$. It is sufficient for 6.2 to approximate T by T' as above such that on the intersection of $T'^k (L_i^{u'})$ and $T'^{-k}(L_j^{s'})$, $W_i^{u'}$ and $W_j^{s'}$ have normal intersection where $L_i^{u'} = q L_i^u$, $L_i^u = L^u(\beta_i, T)$ etc.

The first stage of this argument is to replace $T^k(L_i^u)$ and $T^{-k}(L_j^s)$ by submanifolds of M, Y_1 and Y_2 respectively with the following properties:

(6.3) The Y_i are diffeomorphic to disks,

$$W_i^u \supset T^{m1}(Y_1) \quad \supset \quad Y_1 \quad \supset \quad T^k(L_i^u)$$
$$W_j^s \supset T^{-m_2}(Y_2) \quad \supset \quad Y_2 \quad \supset \quad T^{-k}(L_j^s)$$

Here M_1 is the least period of β_i, m_2 that of β_j and $\supset^{\infty}$ is interpreted as to mean "contains an open set containing". Such Y_i clearly exist from 3.1, 3.2 and 4.1.

If T' is an approximation of T agreeing with T on a neighbourhood V_0 of the β_i let $q Y_i = Y_i'$, $i = 1, 2$. Then without loss of generality we can assume

$(6.3')$ $\quad W_i^{u'} \supset T'^{m1}(Y_1') \quad \supset \quad Y_1' \supset \quad T'^k(L_i^{u'})$
$$W_j^{s'} \supset T'^{-m_2}(Y_2') \quad \supset \quad Y_2' \supset \quad T'^{-k}(L_j^{s'})$$

S. Smale

Hence it is sufficient to find such a T' with Y_1' and Y_2' having normal intersection.

The compact subset $CL(T_0^{m_1}Y_1 - Y_1)$ is so to speak a fundamental domain of T^{m_1} restricted to W_i^u. Thus one may find without difficulty connected open sets Z_1, Z_2 in W_i^u with compact closures which are each disjoint from their images under T^{m_1} and in addition

$$Z_1 \cup Z_2 \supset CL(T^{m_1}Y_1 - Y_1).$$

$$\text{Let} \quad P = CL\left\{ T^{\hat{\ell}}(\bar{Z}_1 \cap Y_2) \,\Big|\, \hat{\ell} \geqslant 0 \right\}$$
$$Q = CL\left\{ T^{-\hat{\ell}}(\bar{Z}_1) \,\Big|\, \ell > 1 \right\}$$

The following is easily checked.

6.4 **Lemma**

$$P \cap T^{-1}(\bar{Z}_1 \cap Y_2) = \emptyset$$
$$Q \cap T^{-1}(\bar{Z}_1 \cap Y_2) = \emptyset$$

Let U_p, U_q, V be open sets such that

$$U_p \supset P, \quad U_q \supset Q, \quad V \supset T^{-1}(\bar{Z}_1 \cap Y_2) \quad \text{and} \quad \bar{U}_p \cap V = \emptyset,$$
$$U_q \cap V = \emptyset$$

By the Thom transversality theorem $[16]$ and a suitable patching by a C function (similar to 3.2a) one can find an approximation T' of T with the following properties:

(a) $T' = T$ on a neighbourhood V_0 of the β_i and the complement of V in M.

(b) $T' \subset T^{-1}(\bar{Z}_1)$ and Y_2 have normal intersection (i.e.

S. Smale

W_j^s and $T'\left[T^{-1}(\bar{\bar{Z}}_1)\right]$ have normal intersection on $T'\left[T^{-1}(\bar{\bar{Z}}_1)\right] \cap Y_2)$.

Suppose now that $x \in Y'_1 \cap Y'_2$, and $T'^m x \in Z'_1$ for some integer m where $Z'_1 = q(Z_1)$. We will show that at x, Y'_1 and Y'_2 have normal intersection. This is a consequence of the following statements.

(a) $m \not> o$ and $T'^m x \in Y'_2$

(b) Z'_1 s $T'\left[T^{-1}(Z_1)\right]$ and so $T'^m x \in T'\left[T^{-1}(Z_1)\right]$.

(c) there exists a neighbourhood of $T'^m x$ in Y'_2 which is in Y_2.

It can be shown without difficulty that (a), (b), and (c) are consequences of the choice of V.

Now one carries out exactly the same procedure with $Z'_2 = q(Z_2)$ replacing Z_1 in the argument. This gives us an approximation T'' of T' with the desired properties of 6.2.

7. Elementary Singularities of a vector field.

We now pass from the diffeomorphism problem to the case of a dynamical system.

Let M be a compact C^r manifold $1 \leq r \leq \infty$ and β the space of all C^r vector fields on M with the C^r topology. One may put a Banach space structure on β if $r < \infty$. In any cases β is a complete metric space.

A _singularity_ p of X on M is a point at which X vanishes. Let p be a singularity of X on M. Then using some local product

S. Smale

structure of the tangent bundle, in a neighbourhood U of p, X is a differentiable map, $X : U \to M_p$, whose derivate A at p is a linear transformation of M_p.

We will say that p is an elementary singularity of X on M if the derivative A of X at p has no eigenvalue of real part one, and transversal if A is an automorphism.

Let C be the subset of β such that if $X \in C$, X has only elementary singularities.

7. 2 <u>Theorem</u>

C is an open dense set of β

To see that, one first checks the following lemma.

7. 3 <u>Lemma</u>

Let X be a vector field on M. Then $x \in M$ is a transversal singular point of X if and only if X, as a cross-section in the tangent bundle meets the zero cross-section over M transversally.

From this and the transversality theorem of Thom [16] one concludes.

7. 4 <u>Lemma</u>

Let C' be the subset of β of vector fields on M which have only transversal singular points. Then C' is an open dense subset of β. Now 7. 2 follows from 7. 4 as in the proof of 5. 2 where $\mathcal{P}_p$ was shown to be dense in $\overline{\mathcal{P}}_p$.

Note that if $X \in C$, or even C', by 7. 3, the singular points of X are isolated and hence finite in number.

S. Smale

8. Elementary closed orbits

Let γ be a closed orbit of a vector field X on a manifold with associated local diffeomorphism $T : U \to \Sigma$ about $p \in \gamma \cap \Sigma$ Then γ will be called an _elementary_ (transversal) closed orbit of X if T has p as an elementary (transversal) fixed point.

8.1 Theorem

Let C_0 be the subspace of C (of section 7) of vector fields X on M such that every closed orbit of X is elementary. Then C_0 is the countable intersection of open dense sets of β . L. Marcus [18] has a theorem in this direction. Also R. Abraham has an indipendent proof of 8.1 [17] .

If γ is a closed orbit of X on M, then one can assign a positive real number, the period of γ as follows. Let $x \in \gamma$, $\varphi_{t_0}(x) = x$ where $t_0 > 0$, $\varphi_t(x) \neq x$, $0 < t < t_0$. Then t_0 is an invariant of γ' , the _period_ of γ .

For a positive real number L, let $C_L \subset C$ consist of X on M such that, if γ is a closed orbit of length $\leq L$, then γ is elementary.

Since $C_0 = \bigcap_{L \in Z^+} C_L$, with 7.2, 8.1 is a consequence of the following.

8.2 Theorem

For every positive L, C_L is open and dense in C .

The proof is somewhat similar to the proof of 5.2.

First that C_L is open in C follows from a similar argument to that of 5.2 used in showing that $\mathcal{O}_p$ is open in $\mathcal{O}$. We leave this

S. Smale

for the reader.

It remains to show: C_L is dense in C . Let $X \in C$. The first step is to construct a finite number of open cells U_α of M of codimension 1, transversal to X such that $U_\alpha \supset W_\alpha$ where W_α is a closed sub-disk of U_α such that every trajectory of X passes through some W_α . It is a straightforward matter to show that such a set of (U_α , W_α) exists.

Fixing α now, the next step is to approximate X by X', a vector field on M equal to X outside a neighbourhood of W_α so that if γ is a closed orbit of X' of length $\leq L$, intersecting some fixed neighbourhood of W_α in U_α , then γ is elementary. The existence of such an approximation is sufficient for the proof of 8. 2.

The construction of the approximation X' of the preceeding paragraph is based on the methods of Section 2 and 5. We outline how this is done. Let V_α be a compact neighbourhood of $\dot{W}_\alpha$ in U_α . Then let $D_\alpha \subset U_\alpha$ be the set of points x of U_α such that $\varphi_t(x) \in V_\alpha$ for some t, $0 \leq t \leq 2L$, and $T : D_\alpha \rightarrow V_\alpha$ the associated diffeomorphism, say really defined on some neighbourhood of D_α in U_α . Now apply the methods of 5. 2 to approximate T by T' such that T' is defined in a neighbourhood of D_α and that T' has only generic periodic points. Now using the construction of Section 2 and 3. 2a one defines the above X' using T'.

9.   Stable manifolds for a differential equation

The following is the global stable manifold theorem for singularities of a vector field.

S. Smale

9.1 Theorem

Let X be a C^∞ vector field on a C^∞ manifold generating a 1-parameter group φ_t , with an elementary singularity at $x_0 \in M$. Let $E_1 \subset M_{x_0}$ be the subspace of the tangent space of M at x_0 corresponding to the eigenvalues with real part negative. Then there is a 1-1 C^∞ immersion $\psi : E_1 \to M$ with the following properties:

(a) X is everywhere tangent to $\psi(E_1)$ and as $t \to \infty$,

$$\varphi_t(x) \to x_0 \quad \text{for all} \quad x \in \psi(E_1).$$

(b) $\psi(0) = x_0$ and the derivative of ψ at x_0 is the inclusion of E_1 into M_{x_0} .

Proof

It can be checked that the map R of 4.1 satisfies 9.1 using φ_1 for T of 4.1.

Of course there is a local version of this theorem which can be found for example in $[2]$. One may also derive 9.1 directly from this. The map ψ of 9.1 or its image is called the <u>stable manifold</u> of x_0 .

One has a stable manifold associated to an elementary closed orbit of a differential equation by the following theorem.

9.2 Theorem

Let γ be an elementary closed orbit of a differential equation X on M generating a 1-parameter group φ_t . Let $x \in \gamma$, $T : \Sigma \to \Sigma$ be an associated local diffeomorphism of γ at x whith derivative L at X , and E_1 the linear subspace of M_x tangent to Σ corresponding to the eigenvalues of L with absolute value < 1 . Then there exists a contraction $T_1 : E_1 \to E_1$ with the following true.

S. Smale

The construction preceeding 2.1 applied to T_1 defines a manifold M_0 with a vector field X_0 on M_0. Then there is a 1-1 immersion $\psi : M_0 \to M$ mapping X_0 into X up to a scalar factor and $\psi(p) = x$ where p is the point of M_0 corresponding to $(0, 0)$ of $E_1 \times R$ (in the definition of M_0).

For the proof we only need to note that ψ is defined in a neighbourhood of $0 \times R$ and then extended to M_0 by the device used in the proof of 4.1.

Then ψ or its image is called the <u>stable manifold of</u> γ. The <u>unstable manifold</u> of a singularity or closed orbit of X on M is the respective stable manifold with respect to $-X$.

In general M_0 is either $S' \times E$, or the twisted product.

If X is a dynamical system on a manifold M, we say that X has the <u>normal intersection property</u> if the stable and unstable manifolds of X have normal intersection with each other. Fixing compact M, let C_0, β be as in the previous section and $\mathcal{A}_0$ be the set of X in C_0 with the normal intersection property.

9.3 Theorem

$\mathcal{A}_0$ is the countable intersection of open and dense sets of β.

This theorem and its proof are somewhat analagous to (6.1).

For the proof of 9.3, let $\mathcal{E} : C_L \to R^+$ be defined in a completely analagous fashion to the $\mathcal{E}$ of (6.1a) where C_L is defined in section 8. Let $X \in C_L$ and x be a singular point of X or a closed orbit of period $\leq L$ of X. Let $W^\tau(x)$, $\tau = u, s$ be the unstable manifold, stable manifold respectively of x and $L^\tau(x) = \mathcal{A}(N_{\mathcal{E}(x)}(x) \cap W^\tau(x))$ similar to the proof of 6.1. Next let

S. Smale

$C_L{}^r$ be the subspace of X of C_L with the following property:
If x, y are singular points or periodic orbits of X of period $\leq$ L,
then at each point of $\varphi_r (L^u (x)) \cap \varphi_{-r} (L^s (y))$, $W^u (x)$ and
$W^s (y)$ have normal intersection. Here φ_t is generated by X and
r > 0. Then 9.3 is implied by the following.

9.4 <u>Theorem</u>

$C_L{}^r$ is open and dense in $\mathcal{D}$

As in section 6, for the proof of 9.4, it is sufficient to approximate a given $X \in C_L$ by a vector field in $C_L{}^r$.

Also just as in section 6, one defines maps φ and submanifolds
Y_i of M. The only difference in the proof from that of 6.1 is in the de-
tails of the construction of the approximation itself. One uses here exactly the approximation in [13] page 202. We will not repeat it here, but
only remark that one can do it a little simpler than in [13] by changing X
on a finite sequence of Euclidean cells one at a time.

This completes the proof of 9.3.

We conclude by remarking that if one takes for M, the 2-phere,
then $\mathcal{O}_0$ is open as well as dense in β that each $X \in \mathcal{O}_0$ has
only a finite number of closed orbits, and by a theorem first stated essen-
tially by Andronov and Pontrjagin, X is structurally stable. In this case,
i.e., $M = S^2$, density of $\mathcal{O}_0$ in β was first proved by M. Peixoto [8] .

S. Smale

REFERENCES

[1] G. D. Birkhoff, Collected Mathematical Papers New York 1950.

[2] Coddington and Levinson, Theory of Ordinary differential equations, McGraw-Hill, New York 1955.

[3] L. E. Elsgoltz, An estimate for the number of singular points of a dynamical system defined on a manifold, Amer. Math. Soc. Translation No. 68, 1952.

[4] P. Hartman, On local homeomorphisms of Euclidean space, Proceedings of the Symposium on Ordinary Differential Equations, Mexico City, 1959.

[5] S. Lefschetz, Differential Equations, Geometric Theory, New York 1957.

[6] D. C. Lewis, Invariant manifolds near an invariant point of unstable type, Amer. Journal Math. Vol. 60 (1938) pp. 577-587.

[7] R. S. Palais, Local Triviality of the restriction map for embeddings, Comm. Math. Helv. Vol. 34 (1960) pp. 305-312.

[8] M. Peixoto, On structural stability, Ann. of Math. Vol. 69 (1959) pp. 199-312.

[9] M. Peixoto, Structural stability on 2-dimensional manifolds, Topology Vol. 2 (1962) pp. 101-121.

[10] I. Petrovsky, On the behavior of the integral curves of a system of differential equations in the neighbourhood of a singular point. Rec. Math. (Mat. Sbornik) N. S. Vol. 41 (1934) pp. 107-155.

S. Smale

[11] G. Reeb, Sur certaines propriétés topologiques des trajectoires des systemes dynamiques, Acad. Roy. Belg. Cl. Sci. Mem. Coll. $8^{o}27$ No. 9, (1952).

[12] S. Smale, Morse inequalities for a dynamical system, Bull Amer. Math. Soc. Vol. 48 (1940) pp. 883-890.

[13] S. Smale, On Gradient Dynamical Systems, Ann. of Math. Vol. 74 (1961) pp. 199-206.

[14] S. Sternberg, Local contractions and a theorem of Poincaré, Amer. Journ. Math. Vol. 79 (1957) pp. 809-824.

[15] R. Thom, Sur une partition en cellules associée à une function sur une variété, C. R. Acad. Sci. Paris Vol. 228 (1949) pp. 973-975.

[16] R. Thom, Quelques propriétés globales des variétés differentiables, Comm. Math. Helv. , 28 (1954), pp. 17-86.

[17] R. Abraham, Transversality of manifolds of mappings, to appear.

[18] L. Marcus, structurally stable differential systems, Ann. of Math. Vol. 73 (1961) pp. 1-19.